特种设备安全技术丛书

燃油燃气锅炉运行实用技术

曹治明　王凯军　等编著

黄河水利出版社

·郑州·

内 容 提 要

本书对锅炉基本知识进行了介绍,重点阐述了燃油燃气锅炉的结构、燃烧器、安全附件、辅助设备、水处理设备等相关知识,强调了燃油燃气锅炉运行与调节的特点,对燃油燃气锅炉在使用过程中常见的安全事故及设备故障进行了详细的讲解,并给出了燃油燃气锅炉常见事故、故障的解决办法。本书主要内容包括锅炉基础知识,燃油燃气锅炉,燃料、燃烧和燃烧器,安全附件、仪表和阀门,锅炉辅助设备,锅炉水处理,燃油燃气锅炉运行与保养,燃油燃气锅炉常见事故,锅炉常见故障处理,锅炉房安全管理等。

本书可供燃油燃气锅炉管理、操作从业人员及相关技术人员使用。

图书在版编目(CIP)数据

燃油燃气锅炉运行实用技术/曹治明等编著.—郑州:黄河水利出版社,2021.4 (2022.7 重印)
(特种设备安全技术丛书)
ISBN 978-7-5509-2970-8

Ⅰ.①燃… Ⅱ.①曹… Ⅲ.①燃油锅炉-锅炉运行②燃气锅炉-锅炉运行 Ⅳ.①TK229

中国版本图书馆 CIP 数据核字(2021)第 070588 号

组稿编辑:王路平 电话:0371-66022212 E-mail:hhslwlp@126.com
田丽萍 66025553 912810592@qq.com

出 版 社:黄河水利出版社 网址:www.yrcp.com
地址:河南省郑州市顺河路黄委会综合楼 14 层 邮政编码:450003
发行单位:黄河水利出版社
发行部电话:0371-66026940、66020550、66028024、66022620(传真)
E-mail:hhslcbs@126.com
承印单位:河南承创印务有限公司
开本:787 mm×1 092 mm 1/16
印张:8
字数:190 千字
版次:2021 年 4 月第 1 版 印次:2022 年 7 月第 2 次印刷
定价:48.00 元

前　言

经环保检测,细颗粒物和可吸入颗粒物仍为环境空气质量的首要污染物,燃煤污染是主要来源之一。各省市环保部门加强对燃煤设施的监管执法,重点对燃煤锅炉设施实施改造或者更换燃油燃气锅炉,并对淘汰的燃煤锅炉有政策上的经济补贴。所以,近几年来,燃油燃气锅炉的使用数量迅猛增加。

燃油燃气锅炉的燃烧方式有别于传统的燃煤锅炉,它利用燃烧器将燃料(油或气)喷入锅炉燃烧室,同时电子点火,形成火焰,燃料在燃烧室内充分燃烧。燃油燃气没有煤的干燥、干馏、挥发分着火燃烧过程,容易着火燃烧,所以燃油燃气锅炉启动快、升压快。燃油燃气锅炉通过燃烧器控制燃料的供给与切断,这就使锅炉的自动化水平得到了很大的提高。

燃油燃气锅炉给锅炉操作带来方便的同时,也存在着发生事故的可能性,且事故的发生原因与燃煤锅炉相比既有一定的共性还有一定的独特性。如果燃油燃气与空气混合达到爆炸浓度极限,遇到明火,就容易发生爆炸。例如,2017 年 1 月 12 日上午,湖北省枝江市某企业一台卧式内燃锅炉在调试点火时发生炉膛燃爆事故,造成 2 人死亡,7 人受伤。所以,对燃油燃气锅炉要有一个全新的认识,应掌握燃油燃气锅炉的基本结构、操作要点及常见事故的预防措施。

为使广大燃油燃气锅炉管理人员、操作人员及相关技术人员拥有一本实用、易懂的关于燃油燃气锅炉方面的书籍,我们编著了此书。本书首先对锅炉基础知识进行了介绍;然后主要突出了燃油燃气锅炉的特点;详细讲解了燃油燃气锅炉运行与调节;重点列举出燃油燃气锅炉常见的事故及其发生原因,给出了处理措施;还对燃油燃气锅炉常见故障进行了详细讲述并给出了处理方法;最后对锅炉房安全管理及锅炉常用法规进行了介绍,以供参考。

本书共分十章,编著人员与编著分工如下:第三、六章由河南省锅炉压力容器安全检测研究院新乡分院曹治明编著,第四章由河南省锅炉压力容器安全检测研究院新乡分院王凯军编著, 第二章由河南省锅炉压力容器安全检测研究院新乡分院谢峦峰编著,第八、九章由河南省锅炉压力容器安全检测研究院新乡分院赵玉记编著,第一、五章由河南省锅炉压力容器安全检测研究院新乡分院徐凤娟编著,第七、十章由河南省锅炉压力容器安全检测研究院新乡分院申红涛编著。河南科技学院尹鸿乐、河南省锅炉压力容器安全检测研究院新乡分院曹克源也参加了本书的整理及编著工作。全书由曹治明统稿。

在编著过程中得到了河南省锅炉压力容器安全检测研究院新乡分院教授级高工徐冬的大力支持,在此表示感谢!

由于时间仓促,编者水平有限,书中难免存在错误之处,敬请广大读者指正。

作　者

2021 年 2 月

目　录

第一章　锅炉基础知识

第一节　锅炉基本概念

一、锅炉的定义

锅炉，是指利用各种燃料、电或者其他能源，将所盛装的液体加热到一定的参数，并通过对外输出介质的形式提供热能的设备。其范围规定为：设计正常水位容积大于或等于30 L，且额定蒸汽压力大于或等于0.1 MPa（表压）的承压蒸汽锅炉；出口水压大于或等于0.1 MPa（表压），且额定功率大于或等于0.1 MW的承压热水锅炉；额定功率大于或等于0.1 MW的有机热载体锅炉。（《特种设备目录》2014版）

顾名思义，锅炉包括“锅”和“炉”两个部分。“锅”是锅炉中盛水的部分，它的作用是吸收“炉”放出来的热量，使水加热到一定温度和压力（热水锅炉），或者转变为蒸汽（蒸汽锅炉）。“炉”是锅炉中燃料燃烧的部分，它的作用是尽量把燃料的热量释放出来，传递给锅内介质，产生热量供“锅”吸收。同时，为了保证锅炉正常运行，还必须配齐必要的附件仪表、自控装置和辅助设备。

锅炉是一种受热、承压、有发生爆炸危险的特种设备，广泛使用于国民经济各个生产部门和人民生活。它是火力发电厂的“心脏”，是化工、纺织印染、轻工等行业中的关键性设备，同时在日常生活中的食品加工、医疗消毒、洗澡取暖等，也都离不开它。不仅如此，锅炉一般还要求连续运行，不同于一般设备可以随时停车检修，因为它的突然停炉会影响到一条生产线、一个工厂，甚至一个地区的生产和生活。

二、锅炉参数

（一）压力

垂直均匀作用在单位面积上的力，称为压强。人们常把它称为压力，用符号P表示，单位是MPa（兆帕）。测量压力有两种标准方法：一种是以压力等于零作为测量起点，称为绝对压力，用符号$P_{绝}$表示；另一种是以当时当地的大气压力作为测量起点，也就是压力表测量出来的数值，称为表压力，或称相对压力，用符号p表示。我们在锅炉上所用的压力都是表压力。

锅炉内为什么会产生压力呢？蒸汽锅炉产生压力的情况与热水锅炉不同。蒸汽锅炉是因为锅炉内的水吸热后，由液态变成气态，其体积增大，由于锅炉是个密闭的容器，限制了汽水的自由膨胀，结果就使锅炉各受压部件受到了汽水膨胀的作用力，而产生压力。热水锅炉产生的压力有两种情况：一种是自然循环采暖系统的热水锅炉，其压力来自高位形成的静压力；另一种是强制循环采暖系统的热水锅炉，其压力来源于循环水泵的压力。

锅炉产品铭牌和设计资料上标明的压力，是这台锅炉的额定工作压力，为表压力。过去的工程计量单位是 kgf/cm^2（千克力/厘米^2），现在国际计量单位是 MPa（兆帕），因此锅炉操作人员一定要注意压力表的单位和锅炉额定工作压力的单位，两种压力单位的近似换算关系是：$1\ MPa \approx 10\ kgf/cm^2$。一些进口锅炉的压力单位是巴，即 bar，它与 MPa 的换算关系是：$1\ bar \approx 0.1\ MPa$。

锅炉操作人员操作锅炉时，要控制锅炉压力不能超过锅炉铭牌上标明的压力，也就是锅炉表盘上指示的压力不能超过锅炉铭牌上标明的压力。

（二）温度

标志物体冷热程度的物理量，称为温度，常用符号 t 表示，单位是℃（摄氏度）。温度是物体内部所拥有能量的一种体现方式，温度越高，能量越大。

锅炉铭牌上标明的温度是锅炉出口处介质的温度，又称额定温度。对于无过热器的蒸汽锅炉，其额定温度是指锅炉在额定压力下的饱和蒸汽温度；对于有过热器的蒸汽锅炉，其额定温度是指过热器出口处的蒸汽温度；对于热水锅炉，其额定温度是指锅炉出口处的热水温度。

（三）容量

锅炉的容量又称锅炉出力，是锅炉的基本特性参数，对于蒸汽锅炉用蒸发量表示，对于热水锅炉用热功率表示。

1. 蒸发量

蒸汽锅炉长期连续运行时，每小时所产生的蒸汽量，称为这台锅炉的蒸发量。常用符号 D 表示，常用单位是 t/h（吨/时）。

锅炉产品铭牌和设计资料上标明的蒸发量数值是额定蒸发量，它表示锅炉受热面无积灰，使用原设计燃料，在额定给水温度和设计工作压力并保证热效率下长期连续运行，锅炉每小时能产生的蒸发量。在实际运行中，锅炉受热面一点不积灰，燃料一点不变是不可能的，因此锅炉在实际运行中每小时最大限度产生的蒸汽量叫作最大蒸发量，这时锅炉的热效率会有所降低。

2. 热功率

热水锅炉长期连续运行，在额定回水温度、压力和额定循环水量下，每小时出水有效带热量，称为这台锅炉的额定热功率（出力）。常用符号 Q 表示，单位为 MW（兆瓦）。热水锅炉产生 0.7 MW（60 万 kcal/h）的热量，大体相当于蒸汽锅炉产生 1 t/h 蒸汽的热量。

三、锅炉常用术语

（一）锅炉类型

1. 工业锅炉

工业锅炉是指主要用于工业生产和采暖的锅炉。

2. 水管锅炉

烟气在受热面管子外部流动，水在管子内部流动的锅炉称为水管锅炉。

3. 锅壳锅炉

蒸发（加热）受热面主要布置在锅壳（筒）内的锅炉称为锅壳锅炉，又称为火管锅炉。

4. 立式锅炉

锅壳纵向轴线垂直于地面的锅炉称为立式锅炉。它包括立式水管锅炉和立式火管锅炉。所谓立式水管锅炉,就是烟气冲刷管子外部,将热量传导给管子内部的水。所谓立式火管锅炉,则是烟气在管子内部流动,将热量传导给管子外部的水,而管子外部的水是包在锅筒里面的。

5. 卧式锅炉

锅壳纵向轴线平行于地面的锅炉称为卧式锅炉。它包括卧式外燃锅炉和卧式内燃锅炉。卧式外燃锅炉是炉膛设在锅壳的外部,而卧式内燃锅炉则是炉膛(胆)设在锅壳内部。

6. 蒸汽锅炉

将水加热成蒸汽的锅炉称为蒸汽锅炉。一般为生产用锅炉。

7. 热水锅炉

将水加热到一定温度,但没有达到汽化的锅炉称为热水锅炉。一般将出水温度低于和高于 120 ℃的分别称为低温热水锅炉和高温热水锅炉。一般为采暖用锅炉。

8. 自然循环锅炉

依靠下降管中的水与上升管中的热水或汽水混合物之间的重度差,使锅水进行循环的锅炉称为自然循环锅炉。

9. 强制循环锅炉

除依靠下降管中的水与上升管中介质之间重度差外,主要靠循环水泵的压头进行锅水循环的锅炉称为强制循环锅炉。

(二)结构及原理

1. 负压燃烧

负压燃烧是炉膛出口烟气静压小于大气压的燃烧方式。

2. 微正压燃烧

微正压燃烧是炉膛中烟气压力略高于大气压(不超过 0.005 MPa)的燃烧方式。燃油燃气锅炉大多采用微正压燃烧。

3. 锅炉本体

锅炉本体是由锅筒、受热面及其间的连接管道(包括烟道、风道)、燃烧设备、构架(包括平台、扶梯)、炉墙等组成的整体。

4. 锅筒(汽包)

水管锅炉中用以进行汽水分离和蒸汽净化,组成水循环回路并蓄存锅水的筒形压力容器,又称为汽包。

5. 锅壳

锅壳是作为锅炉汽水空间外壳的筒形压力容器。

6. 炉膛

进行燃烧和传热的空间称为炉膛。

7. 受热面

从放热介质中吸收热量并传递给受热介质的表面,称为受热面,如锅炉的炉胆、筒体、管子等。

8. 辐射受热面

主要以辐射换热方式从放热介质吸收热量的受热面，一般指炉膛内能吸收辐射热(与火焰直接接触)的受热面，如水冷壁管、炉胆等。

9. 对流受热面

对流受热面是主要以对流换热方式从高温烟气中吸收热量的受热面，一般是烟气冲刷的受热面，如烟管、对流管束及过热器和省煤器等。

(三)指标

1. 锅炉热效率

锅炉输出的有效利用热量 q_2 与同一时间内所输入的燃料热量 q_1 的百分比即为锅炉热效率，常用符号 η 表示，其公式表示为

$$\eta = \frac{q_2}{q_1} \times 100\% \tag{1-1}$$

焓是一个热力学系统中的能量参数。单位质量物质的焓称为比焓。

2. 燃料消耗量

单位时间内锅炉所消耗的燃料量称为燃料消耗量。

3. 蒸汽品质

蒸汽温度和蒸汽的纯洁程度称为蒸汽品质。一般饱和蒸汽中或多或少都带有微量的饱和水分，通常把蒸汽的带水量超标准要求称为蒸汽品质不好。若是过热蒸汽，就表示其与额定温度的偏差值。

4. 排污量

锅炉排除的污水流量称为排污量。

第二节　锅炉工作原理与工作过程

一、锅炉工作原理

锅炉运行时，燃料中的可燃物质在适当的温度下，与通风系统输送给炉膛内的空气混合燃烧，释放出热量，通过各受热面传递给锅水，水温不断升高，产生汽化，这时为饱和蒸汽，经过汽水分离进入主汽阀输出使用。如果对蒸汽品质要求较高，可使饱和蒸汽进入过热器中再进行加热成为过热蒸汽输出使用。对于热水锅炉，锅水温度始终在沸点温度以下，与用户的采暖供热网连通进行循环。

二、工作过程

锅炉的工作过程主要包括三个过程：燃料油的燃烧过程，火焰和烟气向水的传热过程和水被加热、汽化的过程。

(一)燃料油的燃烧过程

具有一定压力、温度的燃料油，通过油嘴喷入炉膛，被雾化成细小的油粒，然后吸收炉

内热量逐渐蒸发分解而变成油气，再与进入炉膛的空气混合，形成了可燃气混合物。混合物继续吸热，温度升高，达到燃料油的着火温度（燃点）即开始着火燃烧，并持续到结束。

（二）火焰和烟气向水的传热过程

传热过程是指燃料燃烧后产生的热量，通过钢管或钢板等各种受热面传递给工质（水）的过程。它将直接影响到锅炉运行的安全性和经济性。传热过程在炉膛内主要以辐射的方式进行。在受热面金属的外部主要以对流的方式进行。在受热面金属的内部主要以传导的方式进行。如果传热过程进行得不好，燃烧产生热量不能被充分有效地利用，就会造成热损失的增加和锅炉热效率的下降。

（三）水被加热、汽化的过程

水被加热、汽化的过程包括水循环过程和汽水分离过程。如果水循环不畅通，水不能有效地将受热面传递过来的热量带走，就会使受热面超温而影响安全。如果汽水分离过程进行得不好，则从锅炉出去的蒸汽中将带有较多的水分，使蒸汽品质变坏，造成过热器结垢爆管。

第三节　锅炉水循环

一、水和蒸汽的性质

锅炉对热用户的供热是通过蒸汽或热水来实现的，通常称其为工作物质介质。

水在常温下是无色、无味、透明的液体，具有一定的体积，但没有固定的形状。随温度的变化，水可变成蒸汽，也可变成冰。它们互相的转化关系，见图1-1，水在0 ℃以下，液态可变成固态，这种固态称为冰或雪。如果温度高于0 ℃，固态会变成液态，即变成水。如果再不断加热，水会开始沸腾，液态又会变成气态，称为蒸汽。

水由液态转化为气态的过程称为汽化。在一定压力下，对水不断加热，水温相应上升，最后达到饱和温度（简称沸点），这种具有饱和温度的水称为饱和水。饱和温度与压力有关，随着压力的升高，饱和温度也相应升高，也就是一定的压力对应一定的饱和温度。如表压力为1.0 MPa，对应的饱和温度为179 ℃；如表压力为2.5 MPa，对应的饱和温度为224 ℃。知道工作压力，查水蒸气性质表即可得到饱和蒸汽温度，也就是要求输出蒸汽的压力实质是要求蒸汽的温度，压力越高其饱和蒸汽温度越高。

在压力不变的情况下，对饱和水继续加热，饱和温度保持不变，但饱和水陆续汽化为水蒸气，这种具有饱和温度的水蒸气称为饱和蒸汽。

在压力不变的情况下，对饱和蒸汽继续加热，蒸汽的温度将相应提高，这种温度超过饱和温度的蒸汽称为过热蒸汽。只有装置过热器的锅炉，才能将饱和蒸汽通过过热器继续加热成为过热蒸汽。

二、锅炉水位形成原理

水在连通器内，当水面上所受的压力相等时，各处的水面始终保持一个平面，如图1-2所示。

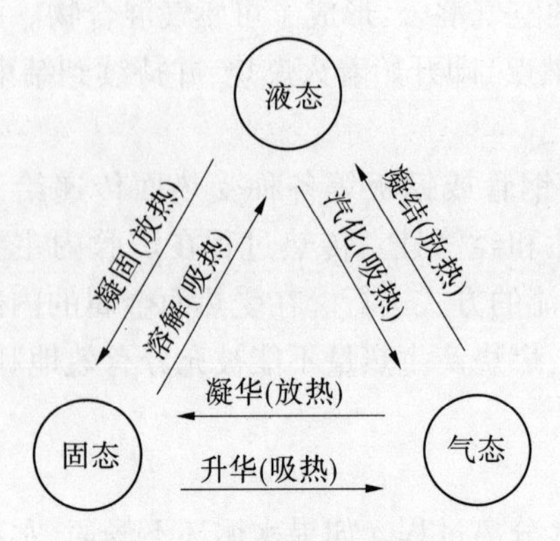

图 1-1　水的三态变化

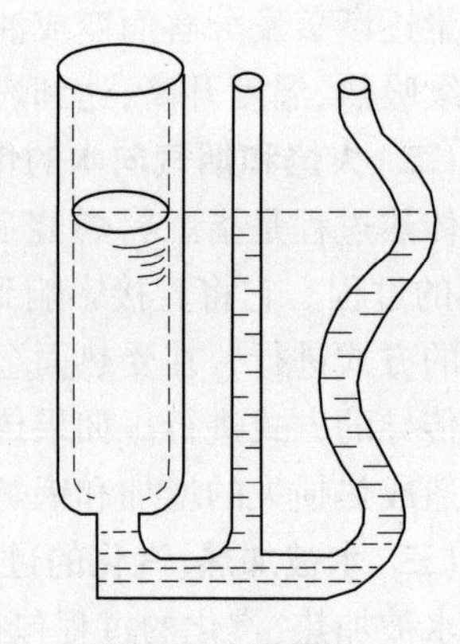

图 1-2　连通器

锅炉上的水位表就是利用这一原理设计的。热水锅炉,除蒸汽定压外,整个锅炉内都充满了水,而对蒸汽锅炉需要有一定的蒸汽空间,水位要控制在一定的高度。通过观察上锅筒的水位表,就可知道锅炉里水位的高低,水位线以上为蒸汽,水位线以下为饱和水,饱和水不断加热蒸发,水位将会逐渐向下移,为保持一定的水位,就要给锅炉补水,保持水位的稳定。

三、锅炉水循环

锅炉本体是由锅筒、下降管、水冷壁管、集箱、对流管束等受压部件组成的封闭式回路。锅炉中的水或汽水混合物在这个回路中,循着一定的路线不断地流动着,流动的路线构成周而复始的回路,叫作循环回路。锅炉中的水在循环回路中的流动,叫作锅炉水循环。由于锅炉的结构不同,循环回路的数量也不一样。单回路水循环的锅炉如图 1-3 所示,多回路水循环的锅炉如图 1-4 所示。

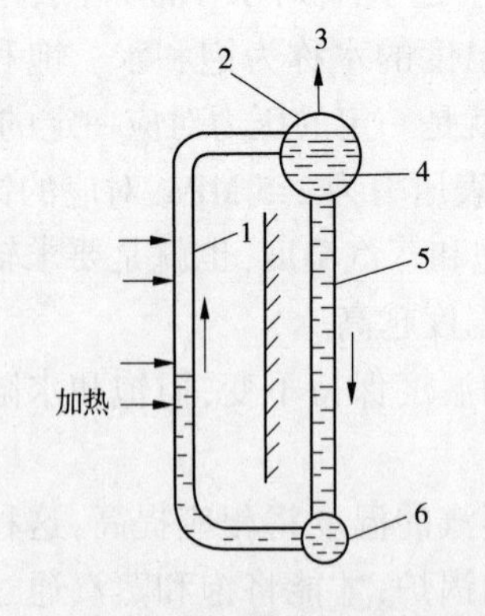

1—上升管;2—锅筒;3—蒸汽出口管;
4—给水管;5—下降管;6—下集箱

图 1-3　单回路水循环示意图

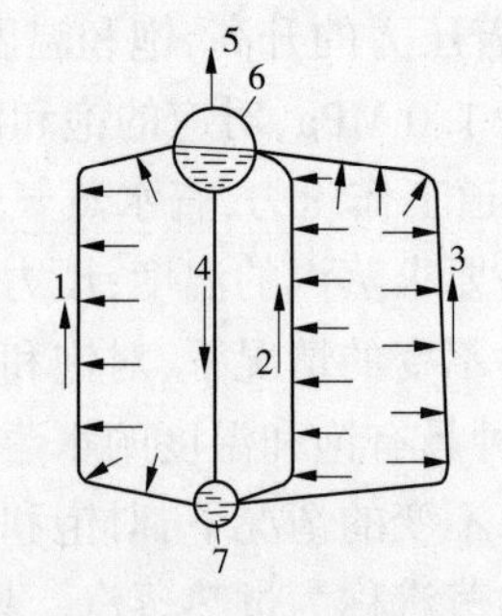

1—水冷壁管;2、3—对流管束;4—下降管;
5—蒸汽出口管;6—锅筒;7—下集箱

图 1-4　多回路水循环示意图

锅炉的水循环分为自然循环和强制循环两类。一般蒸汽锅炉的水循环为自然循环,而直流锅炉的水循环为强制循环,热水锅炉水循环大都为强制循环。强制循环是依靠水泵的推动作用强迫锅炉水的循环。自然循环是利用上升管中汽水混合物的密度小、重量轻，下降管中水的密度大、重量较重，造成的压力差，使两段水柱之间失去平衡，导致锅炉的水流动而循环，两者之间的密度差越大，压力差 Δp 就越大，对水循环的推动力也越大。压力差的关系式如下：

$$\Delta p = H(\rho' - \rho'') \times 9.8 \tag{1-2}$$

式中　Δp——压力差，Pa；

H——上升管汽水混合物水柱的高度，m；

ρ'——下降管中水的密度，kg/m^3；

ρ''——上升管中汽水混合物的密度，kg/m^3。

通过式(1-2)可以看出，要使密度差增大，可以加强燃烧，使水冷壁管和对流受热面管中的介质受热加强，汽化加快，从而使汽水混合物中的气泡比例增大，密度变小，而密度差就增大，循环好。

水循环是锅炉受热面得到良好冷却的保证。运行中锅炉缺水、排污及热水锅炉启动程序不当等都可能破坏水循环。

第四节　锅炉分类

一、按用途分类

锅炉按用途分为工业锅炉、电站锅炉。

工业锅炉是指主要用于工业生产和采暖的锅炉。

用锅炉产生的蒸汽带动汽轮机发电用的锅炉称为电站锅炉。

二、按锅炉本体结构形式分类

锅炉按其本体结构形式分为锅壳锅炉(火管锅炉)、水管锅炉。

蒸发(加热)受热面主要布置在锅壳(筒)内的锅炉称为锅壳锅炉，又称为火管锅炉。

烟气在受热面管子外部流动，水在管子内部流动的锅炉称为水管锅炉。

三、按锅壳位置分类

锅炉按锅壳位置分为立式锅炉、卧式锅炉。

锅壳纵向轴线垂直于地面的锅炉称为立式锅炉。

锅壳纵向轴线平行于地面的锅炉称为卧式锅炉。

四、按燃烧室布置分类

锅炉按燃烧室布置分为内燃式锅炉、外燃式锅炉。

五、按使用燃料分类

锅炉按使用燃料分为燃煤锅炉、燃油锅炉、燃气锅炉，此外还有电热锅炉。

六、按介质分类

锅炉按介质分为蒸汽锅炉、热水锅炉、汽水两用锅炉。

汽水两用锅炉是既可产生蒸汽又可产生热水的锅炉。

七、按蒸发量分类

锅炉按蒸发量分为小型锅炉、中型锅炉、大型锅炉。

蒸发量小于20 t/h 的锅炉称为小型锅炉,蒸发量为20~75 t/h 的锅炉称为中型锅炉,蒸发量大于75 t/h 的锅炉称为大型锅炉。

八、按压力分类

锅炉按压力分为低压锅炉、中压锅炉、次高压锅炉、高压锅炉。

工作压力不大于3.8 MPa 的锅炉称为低压锅炉;

工作压力为3.8~5.3 MPa 的锅炉称为中压锅炉;

工作压力为5.3~9.8 MPa 的锅炉称为次高压锅炉;

工作压力为9.8~13.7 MPa 的锅炉称为高压锅炉。

九、按汽水在锅炉受热面中的流动分类

锅炉按汽水在锅炉受热面中的流动分为自然循环锅炉、强制循环锅炉。

十、按安装方式分类

锅炉按安装方式分为整装锅炉(快装锅炉)、散装锅炉。

锅炉在制造厂组装后,到使用单位只需接外管路阀门即可投入运行的锅炉称为整装锅炉,也叫快装锅炉。锅炉主要受压部件散装出厂,到使用单位进行现场组装的锅炉称为散装锅炉。

第五节　锅炉型号

为了区别锅炉结构形式、燃烧方式、设计参数、适应煤种等情况,人们采用锅炉型号来进行说明。

工业锅炉产品型号适用于额定工作压力大于0.04 MPa,但小于3.8 MPa,且额定蒸发量不小于0.1 t/h 的以水为介质的固定式钢制蒸汽锅炉和额定出水压力大于0.1 MPa的固定式钢制热水锅炉。

工业锅炉(电加热锅炉除外)产品型号由三部分组成,各部分之间用短横线相连(示意见图1-5)。各部分表示内容如下:

(1)型号的第一部分表示锅炉本体形式和燃烧设备形式或燃烧方式及锅炉容量。共分三段,第一段用两个大写汉语拼音字母代表锅炉本体形式(见表1-1);第二段用一个大写汉语拼音字母代表燃烧设备形式或燃烧方式(见表1-2);第三段用阿拉伯数字表示蒸

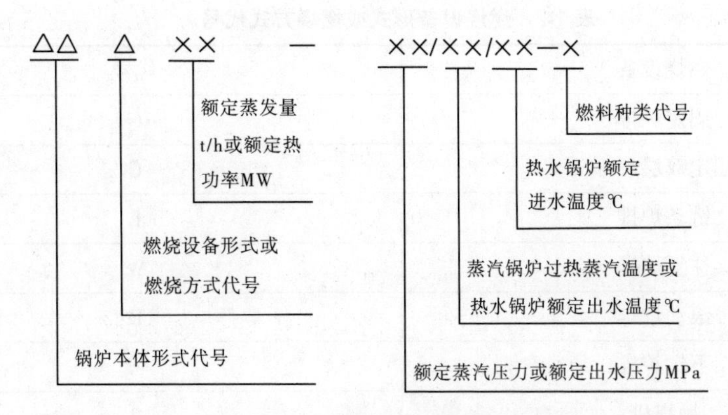

图 1-5　工业锅炉产品型号示意图

汽锅炉额定蒸发量为若干 t/h,或热水锅炉额定热功率为若干 MW,各段连续书写。

(2)型号的第二部分表示介质参数,对蒸汽锅炉分两段,中间以斜线相连。第一段用阿拉伯数字表示额定蒸汽压力为若干 MPa;第二段用阿拉伯数字表示过热蒸汽温度为若干℃,蒸汽温度为饱和温度时,型号的第二部分无斜线和第二段。对热水锅炉分三段,中间也以斜线相连,第一段用阿拉伯数字表示额定出水压力为若干 MPa;第二段和第三段分别用阿拉伯数字表示额定出水温度和额定进水温度为若干℃。

(3)型号的第三部分表示燃料种类。用大写汉语拼音字母代表燃料品种,同时用罗马数字代表同一燃料品种的不同类别与其并列(见表 1-3),如同时使用几种燃料,主要燃料放在前面,中间用顿号隔开。

表 1-1　锅炉本体形式代号

锅炉类别	锅炉本体形式	代号
锅壳锅炉	立式水管	LS
	立式火管	LH
	立式无管	LW
	卧式外燃	WW
	卧式内燃	WN
水管锅炉	单锅筒立式	DL
	单锅筒纵置式	DZ
	单锅筒横置式	DH
	双锅筒纵置式	SZ
	双锅筒横置式	SH
	强制循环式	QX

注:水火管混合式锅炉,以锅炉主要受热面形式采用锅壳锅炉或水管锅炉形式代号,但在锅炉名称中应写明“水火管”字样。

表 1-2 燃烧设备形式或燃烧方式代号

燃烧设备	代号
固定炉排	G
固定双层炉排	C
链条炉排	L
往复炉排	W
滚动炉排	D
下饲炉排	A
抛煤机	P
鼓泡流化床燃烧	F
循环流化床燃烧	X
室燃炉	S

注:抽板顶升采用下饲炉排的代号。

表 1-3 燃料种类代号

燃料种类	代号
Ⅱ类无烟煤	WⅡ
Ⅲ类无烟煤	WⅢ
Ⅰ类烟煤	AⅠ
Ⅱ类烟煤	AⅡ
Ⅲ类烟煤	AⅢ
褐煤	H
贫煤	P
型煤	X
水煤浆	J
木柴	M
稻壳	D
甘蔗渣	G
油	Y
气	Q

汽水两用工业锅炉产品型号组成:

工业锅炉如为蒸汽和热水两用锅炉,以锅炉主要功能来编制产品型号,但锅炉名称上应写明“汽水两用”字样。

举例如下:

(1)LSG0.5-0.4-AⅢ。

表示立式水管固定炉排,额定蒸发量为0.5 t/h,额定蒸汽压力为0.4 MPa,蒸汽温度为饱和温度,燃用Ⅲ类烟煤的蒸汽锅炉。

(2)DZL4-1.25-WⅡ。

表示单锅筒纵置式水管或卧式水火管链条炉排,额定蒸发量为4 t/h,额定蒸汽压力为1.25 MPa,蒸汽温度为饱和温度,燃用Ⅱ类无烟煤的蒸汽锅炉。

(3)SZS10-1.6/350-Y、Q。

表示双锅筒纵置式室燃炉,额定蒸发量为10 t/h,额定蒸汽压力为1.6 MPa,过热蒸汽温度为350 ℃,燃油、燃气两用,以燃油为主的蒸汽锅炉。

(4)QXW2.8-1.25/95/70-AⅡ。

表示强制循环式往复炉排,额定热功率为2.8 MW,额定出水压力为1.25 MPa,额定出水温度为95 ℃,额定进水温度为70 ℃,燃用Ⅱ类烟煤的热水锅炉。

第二章　燃油燃气锅炉

第一节　锅炉结构要求及特点

一、结构要求

锅炉结构的基本要求是用最少的金属耗量,消耗最少的燃料达到规定参数(压力、温度)的蒸发量和供热量,并在运行中符合安全可靠的要求。

锅炉结构为焊接结构,在设计焊接结构时,除要满足产品使用性能要求外,还要考虑焊接结构工艺性。结构的工艺性要求结构满足制造工艺,包括焊缝施焊的方便性、焊接方法的采用、焊接接头的工艺设计等。

锅炉结构的基本要求[《锅炉安全技术监察规程》(TSG G0001—2012)]如下:

(1)各受压部件应当有足够的强度。

(2)受压元件结构的形式、开孔和焊缝的布置应当尽量避免或者减少复合应力和应力集中。

(3)锅炉水循环系统应当能够保证锅炉在设计负荷变化范围内水循环的可靠性,保证所有受热面都得到可靠的冷却;受热面布置时,应当合理地分配介质流量,尽量减小热偏差。

(4)炉膛和燃烧设备的结构以及布置、燃烧方式应当与所设计的燃料相适应,并且防止炉膛结渣或者结焦。

(5)非受热面的元件,壁温可能超过该元件所用材料的许用温度时,应当采取冷却或者绝热措施。

(6)各部件在运行时应当能够按照设计预定方向自由膨胀。

(7)承重结构在承受设计载荷时应当具有足够的强度、刚度、稳定性及防腐蚀性。

(8)炉膛、包墙及烟道的结构应当有足够的承载能力。

(9)炉墙应当具有良好的绝热和密封性。

(10)便于安装、运行操作、检修和清洗内外部。

二、结构特点

气体、液体燃料和固体燃料的燃烧过程具有许多不同的地方,因而燃油燃气锅炉的结构、热力计算和燃煤锅炉相比具有如下明显的特点。

(一)炉膛的结构特点

锅炉炉膛的大小和形状是根据燃烧和传热两方面的要求而确定的。燃料的良好燃烧,要求具备充足的空气、高温、混合、空间和时间。其中,后三个条件都与炉膛的大小和形状有关。混合和燃烧反应对空间和时间的要求,也就是对燃烧火焰是否能够完全展开及混合,燃料在炉内停留时间,即炉膛大小和形状的要求。

气体、液体燃料的燃烧没有固体燃料那种挥发分汽化、固体碳粒燃尽的过程。因此,燃烧需要的时间很短,也就是说燃料完全燃烧需要的燃烧空间比较小。

大幅度提高炉膛容积热负荷(Q/V)主要是为了减小锅炉本体的体积,从而节约昂贵的建筑用地和金属耗量。近10多年来,结合其他方面的措施,设计较好的中小型锅炉,其体积、占地面积和重量比以前约减少一半,尤其是燃气锅炉。

应该说明的是,目前采用的卧式锅壳式燃油、燃气锅炉的炉膛容积热负荷的选取,主要受炉膛出口温度的限制,而炉膛出口温度的高低主要是考虑进入和回燃室后管板连接的第一回程烟管的温度水平。若为蒸汽锅炉,Q/V 值一般在 1 500 kW/m^3;若为热水锅炉,考虑到后管板可能发生的过冷沸腾现象,导致管板传热恶化和管板裂纹,Q/V 值应在 1 500 kW/m^3 以下。水管锅炉的炉膛出口温度可以取得比较高,以便提高对流受热面的传热强度,其 Q/V 值一般高于 1 500 kW/m^3。

从炉内传热对炉膛热强度的要求考虑,燃气锅炉和燃煤、燃油锅炉也不同。

燃气锅炉炉内辐射传热,主要靠三原子气体(CO_2 和水蒸气等)的辐射。它和燃煤、燃油锅炉不同的是:在炉内燃烧区,因没有固体辐射,辐射传热较弱;但在辐射区(冷却区),因为燃烧时烟气中水蒸气含量高(比燃煤时约高1倍,比燃重油时高40%),虽然其 CO_2 含量相应减小,但水蒸气的辐射能力比 CO_2 强,所以辐射区内总的三原子气体辐射强度比燃煤、燃油时都高。

(二)对流受热面的结构特点

锅炉对流受热面形式繁多,其传热效果总的来说与烟温、烟速、受热面形式以及另一侧的受热介质特性等因素有关,不管受热面的形式如何,提高烟速总能使对流受热面的传热系数增大。

燃油燃气锅炉没有飞灰磨损条件的限制,可以选取较高的烟气流速。但提高烟速会使烟气流动阻力增加,而且随着烟速的提高,阻力的增加比传热系数的增加快得多。所以,燃油燃气锅炉的对流受热面烟速往往受阻力增加的限制。例如,顺列管束中 ϕ 51 mm 的管子,横向冲刷烟速从 4 m/s 增加到 12 m/s 时,传热系数约增大 2.7 倍,而阻力却增加 11 倍左右。

20世纪70年代,中小型燃油燃气锅炉对流受热面的烟速不断得到提高。在强制通风的情况下,烟管内烟气流速采用 35~55 m/s 的情况已很普遍。在烟气横向冲刷的水管管束中,烟速也提高到 20 m/s,有些锅炉烟速提高到 30 m/s 以上。高烟速下烟气的流动阻力很大,故采用高烟速的中小型锅炉炉膛正压往往高达 2~5 kPa。

近年来,很多设计者采用较低烟速的设计,理由主要是为了降低鼓风机和引风机的动力消耗以及运行时的噪声,特别是目前设计的燃油燃气锅炉大多配用标准化生产的燃烧器,这些燃烧器所能克服的阻力也按标准化设计,采用低流速设计,可以适应大多数燃烧器的背压条件。

对流受热面的形式对传热效果影响很大,总的设计原则是:应使被烟气冲刷的受热面的形状,能使烟气产生适当的湍流,以破坏层流边界层,降低热阻。

对光管对流受热面,无论烟气的冲刷形式如何,随着管径的减小,传热系数都有所提高。烟气横向冲刷错列管束时的传热系数,比横向冲刷顺列管束时的传热系数高。当对流受热面的吸热介质为水时,传热的主要热阻在烟气侧。

燃气锅炉排烟中水蒸气含量高,在排烟温度相同时,燃用天然气的锅炉比燃油锅炉的热效率约低 0.5%(排烟过剩空气系数相同)。要使燃气锅炉的热效率赶上或超过燃油锅炉,必须进一步降低其排烟温度或在常规燃气锅炉尾部加装冷凝器,以回收烟气中水蒸气的汽化潜热。一般燃气的含硫量较少,烟气的低温腐蚀问题比燃用含硫量较高的燃煤燃油锅炉小。所以,允许采用较低的排烟温度。

三、结构分类

燃油燃气锅炉就其本体结构而言,可分为锅壳式(也称火管)锅炉、水管锅炉、水火管锅炉和直接接触换热锅炉。锅壳式锅炉结构简单,水及蒸汽容积大,对负荷变动适应性好,对水质的要求比水管锅炉低,多用于小型企业的生产工艺和生活采暖上。水管锅炉的受热面布置方便,传热性能好,在结构上可用于大容量和高参数的工况,但对水质和运行水平要求较高。水火管锅炉是在锅壳式锅炉和水管锅炉的基础上发展起来的,兼有两者的优点。锅壳式锅炉容量较小、结构紧凑,一般制成快装锅炉,容量不大的水管锅炉也可制成快装锅炉,以便于运输和现场安装。直接接触换热锅炉不需要间壁式换热所需要的固定传热面,而是将高温烟气直接喷入液体中完成加热的方式。直接接触换热锅炉热效率高,设备成本低,加热速度快,适合快速加热和调峰操作的情况。

第二节　锅壳式燃油燃气锅炉

一、立式锅壳式燃油燃气锅炉

锅壳式燃油燃气锅炉有立式和卧式之分。立式锅炉由于结构简单、安装操作方便、占地面积小,应用极广。其缺点是由于燃烧器的背压低,受热面不太容易布置,加之一般采用两个回程,热效率不易保证。立式锅炉容量一般在 1 t/h 以下,蒸汽压力一般在 1.0 MPa 以下。用于热水采暖系统的锅炉容量可达 1.4 MW。立式锅壳式锅炉可分为燃烧器侧下置式立式直烟管锅炉(见图 2-1)、燃烧器顶置式两回程立式无管锅炉(见图 2-2)和立式水、火管组合结构锅炉(见图 2-3)。

(一)燃烧器侧下置式立式直烟管锅炉

此锅炉一般为热水锅炉,其容量均在 0.7 MW 以下,目前很多此类热水锅炉在烟管上部高温水区还布置了盘管式水—水热交换器,形成单独回路,在供应采暖热水的同时也可以供应部分

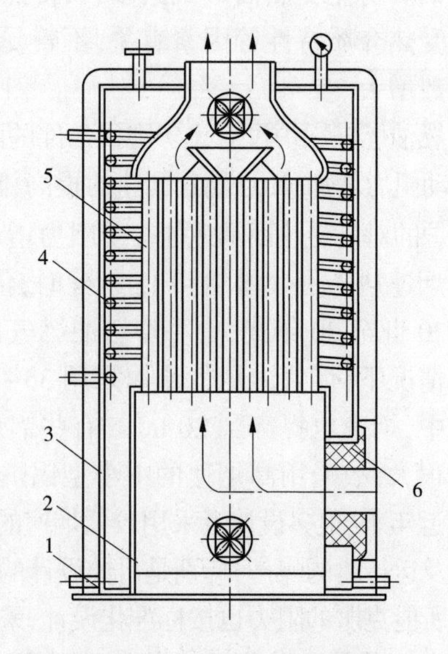

1—下底板;2—炉胆;3—锅壳;4—热交换管;5—烟管;6—燃烧器接口

图 2-1　燃烧器侧下置式立式直烟管锅炉

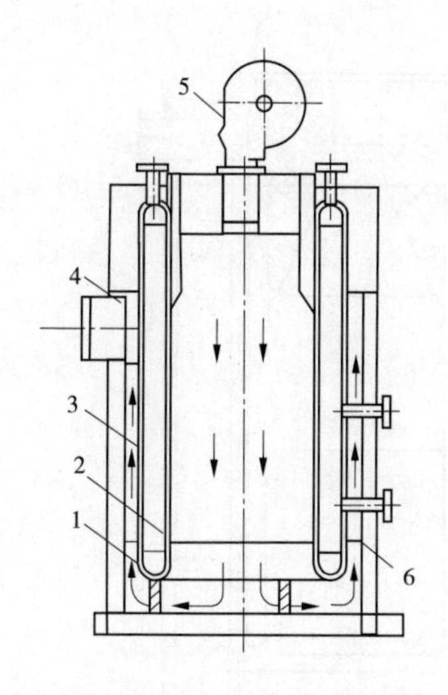

1—下脚圈;2—炉胆;3—锅壳;4—烟气出口;
5—燃烧器;6—纵向翅片

图 2-2 燃烧器顶置式两回程立式无管锅炉

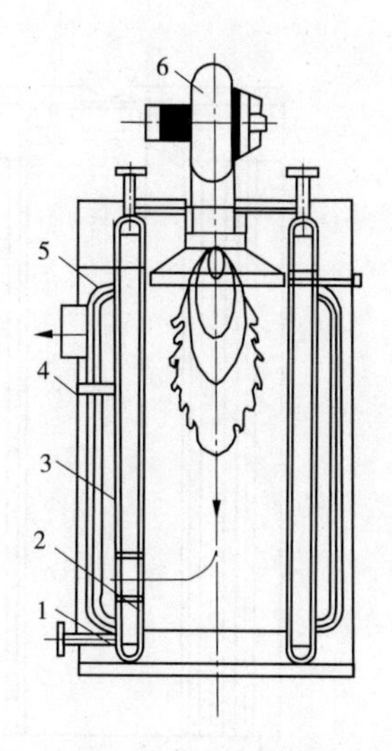

1—下脚圈;2—炉胆;3—锅壳;4—烟气挡板;
5—水管;6—燃烧器

图 2-3 立式水、火管组合结构锅炉

洗浴水。其主要特点如下:

(1)结构、工艺简单。

(2)锅炉容量较小,燃烧器功率小,克服的烟气阻力较小。

(3)火焰形状受到炉胆直径的限制,得不到完全展开式火焰。

(4)高温烟气直接冲刷对面炉胆和锅壳构成的水套空间,容易引起结垢,局部容易过热损坏,内部出现问题后无法检查和维修。

建议在燃烧器和锅炉本体连接处开一处Φ 400 mm 的接口,内置火口砖,燃烧器和火口砖卸掉后,人能伸进头去查看烟管和管板连接情况。图 2-4 所示锅炉克服了图 2-1 锅炉的一些缺点,燃烧器顶置,火焰完全展开,流程长,燃烧充分,烟管还有检修的余地。图 2-4(a)的炉膛出口采用了干背式转弯烟室,图 2-4(b)采用了半湿背式转弯烟室,增加了运行可靠性。

(二)燃烧器顶置式两回程立式无管锅炉

此锅炉本体为套筒式,炉膛在 0.5 t/h 以下采用平直炉胆,0.5 t/h 以上采用波纹与平直组合炉胆。采用旋转火焰沿炉胆下行,高温烟气冲刷焊在锅壳筒体外侧的扩展肋片,受热面进行均匀的对流换热。这种肋片均匀地焊在锅壳四周整个长度上,对流受热面烟风阻力不大,一般可将排烟温度降到合理的程度。其主要特点如下:

(1)锅炉占地面积小,操作维护简便。

(2)对水质的适应能力强,没有水管锅炉爆管的危险。

(3)炉胆形状和火焰形状相匹配,火焰完全展开,适合于燃油燃气锅炉。

(4)受热面简单,不太容易获得较低的排烟温度,热效率有待提高。

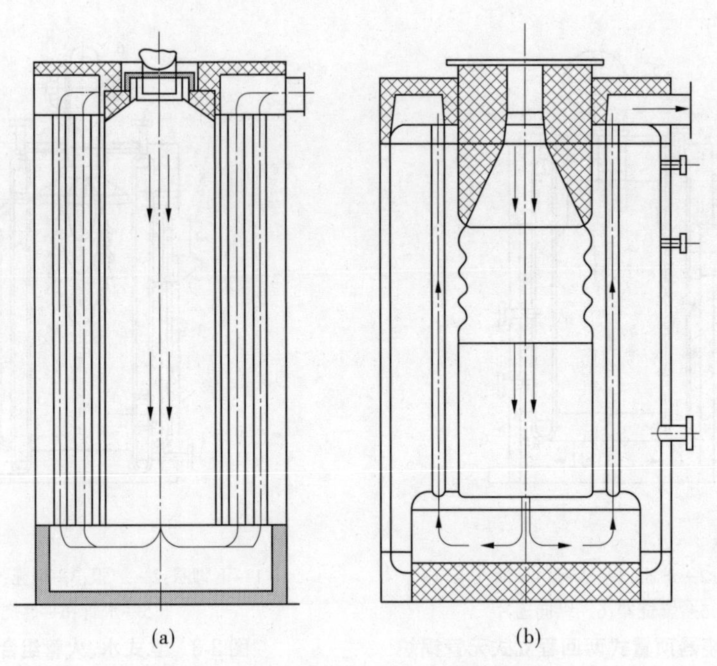

图 2-4　火焰完全展开的直烟管结构锅炉

(三)立式水、火管组合结构锅炉

此锅炉主要针对火管锅炉的受热面比较单一、不能完全保证布置足够的对流受热面，因此在火管锅炉的基础上增加了水管受热面，虽然丧失了火管锅炉的一些优点，但却使受热面的布置变得容易实现。

二、卧式锅壳式燃油燃气锅炉

由于立式燃油燃气锅炉的蒸发量太小，不能满足工业生产发展的要求，因此迫切需要提高锅炉蒸发量和锅炉压力，在这种情况下，卧式锅壳式燃油燃气锅炉获得了很大发展。

(一)卧式锅壳式燃油燃气锅炉的特点

卧式锅壳式燃油燃气锅炉与立式燃油燃气锅炉相比具有以下特点：

(1)高度、宽度尺寸较小，适合组装化对外形尺寸的要求，锅壳式结构也使锅炉的围护结构大大简化，比组装式水管锅炉具有明显的优点。

(2)采用微正压燃烧时，密封问题比较容易解决，而且炉胆的形状有利于燃油燃气锅炉的火焰形状。

(3)采用了强化传热的异型烟管作为对流受热面，传热性能接近或超过水管锅炉的横向冲刷管束，从而使燃油燃气锅炉的结构更加紧凑。

(4)这种锅炉在燃油燃气爆炸时，锅炉本体受破坏的可能性较小，这是因为其烟气通道的承压能力比水管锅炉要高。

(5)锅炉蒸发率低，故对炉水水质要求低。

(6)锅壳式燃油燃气锅炉相对于较小的蒸发量有着较大的储水量，允许有较长的断水时间，锅炉维护管理方便。

(二)卧式锅壳式燃油燃气锅炉的结构改进

随着人们对节能和环保意识的增强,现代燃油燃气锅炉正向着组装化、大型化、自动化方面发展,与早期的卧式锅壳式燃油燃气锅炉相比,现代卧式锅壳式燃油燃气锅炉在结构上主要进行了以下改进:

(1)随着大功率燃烧器的采用,目前卧式锅壳式燃油燃气锅炉基本上是采用单炉胆结构,最多不超过两个炉胆,目前燃烧器的单台功率已达到29 MW以上。

(2)单台锅炉容量大大提高,卧式锅壳式燃油燃气热水锅炉的最大容量可达19 MW左右,蒸汽锅炉的最大容量可达15 t/h左右。

(3)采用湿背式结构代替干背式结构,可避免第一回程出口转向烟室难以密封的问题,使这种锅炉更适于微正压燃烧。

(4)烟气的回程数大多是三回程的,也有用两回程、四回程的,甚至五回程的。但四回程、五回程的结构太复杂,一般较少采用。

(5)用强化传热的烟管替代早期使用的光管。

(6)采用先进的隔热保温材料,减少了散热损失,提高了锅炉的热效率。

卧式锅壳式燃油燃气锅炉容量一般在1 t/h以上,工作压力可达1.6~3.8 MPa,锅筒的形状符合燃油燃气燃烧的火焰形状,也可以布置适当的尾部受热面,以降低排烟温度。常规的卧式锅壳式燃油燃气蒸汽锅炉的热效率在87%左右,排烟温度一般为250 ℃左右。带尾部受热面的燃油燃气锅炉的排烟温度基本上和大容量的工业锅炉相同,可达130~140 ℃,热效率可达93%左右。

卧式锅壳式燃油燃气锅炉的回程,是指烟气依次流过受热面的通道数目,对三回程而言,一般是将燃气和空气在炉胆中流过的放热过程称为第一回程,烟气经回燃室转弯后进入高温烟管对流受热面称为第二回程,烟气至前烟箱转弯180°进入低温烟管受热面称为第三回程,如图2-5所示。

图2-5　锅炉回程示意图

卧式锅壳式燃油燃气锅炉有干背、半干背和湿背之分。背是指烟气转弯所掠过的后墙壁面,该壁面如果是由耐火混凝土制成的,称为干背式。因为它没有水的冷却。如果壁面是由水冷钢板制成的,称为湿背式。因为该壁面有水冷却,而半干背式是指后壁面部分被水冷却的状态。锅炉结构设计的首要原则是:锅炉所有的受热面必须得到可靠的冷却,被水冷却的受热面是可靠运行的重要保证。这是湿背式结构优于干背式或半干背式结构的主要原因,如图2-6所示。

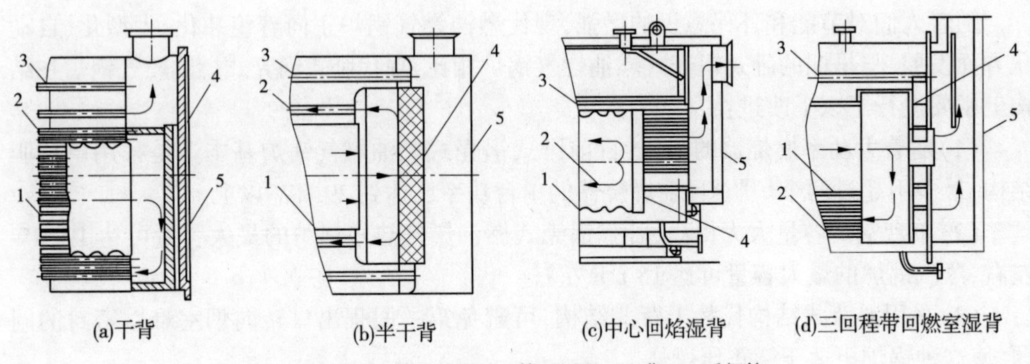

1—炉胆;2—第二回程;3—第三回程;4—背;5—后烟箱

图 2-6　锅炉转弯烟室结构

干背式结构锅炉的燃烧器,喷出燃料点燃后,生成的燃烧产物在传热面积有限的炉胆内换热,炉胆出口的高温烟气直接和后烟箱盖接触和冲刷,后烟箱盖多为耐火砖制成,容易损坏,需要经常停炉修理,因而缩短了锅炉的正常运行周期。锅炉容量越大,这一情况越严重。但随着锅炉容量的减小,炉胆的相对面积增加,炉胆出口烟温随之降低,可明显改善烟气对后烟箱盖的冲刷和破坏程度。计算表明,1 t/h 以下的锅炉可以采用干背式结构,干背式结构不适合容量较大的锅炉。

卧式锅壳式燃油燃气锅炉的蒸发受热面由炉胆、炉胆顶和回燃室等板形部件组成的,这些辐射受热面直接承受火焰的直接辐射。燃油燃气锅炉的主要吸热量是在炉胆和回燃室中获得的,一般占总吸热量的60%~70%,因此炉胆和回燃室结构及布置是锅壳式燃油燃气锅炉设计的关键。锅壳式燃油燃气锅炉一般采用自然循环方式。图 2-7 为由直炉胆、波形炉胆、炉胆顶和回燃室等组成的蒸发受热面。回燃室的主要作用是完成烟气由第一回程向第二回程的过渡,同时补偿炉胆蒸发受热面的不足。此外,管板有时也充当蒸发受热面。

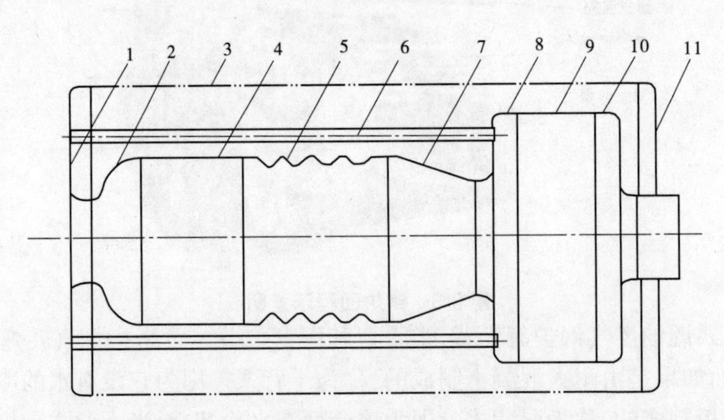

1—前管板;2—炉胆顶;3—锅壳;4—直炉胆;5—波形炉胆;6—烟管;7—锥形炉胆;
8—回燃室前管板;9—回燃室筒体;10—回燃室后管板;11—后管板

图 2-7　卧式锅壳式燃油燃气锅炉的蒸发受热面

锥形炉胆的主要作用是节省管板的空间,缩小回燃室和锅壳的直径,减小锅炉本体的尺寸。采用了锥形炉胆后,将对进入回燃室的气流场产生一定的影响,因此应认真权衡采用锥形炉胆的利弊。

由于平直炉胆、烟管、锅壳组成的系统刚性比较大,燃油燃气锅炉一般采用波形炉胆或膨胀环,来吸收高温辐射所引起的炉胆受热面及整个系统的热膨胀量,另外一个不可忽视的作用是提高炉胆系统的刚性。增加波形炉胆的数量,可以降低平直炉胆的计算长度。当然波形炉胆的存在无形之中增加了蒸发受热面,因此波形炉胆在卧式锅壳式燃油燃气锅炉中的作用是不可低估的。燃油燃气锅炉的波形炉胆和膨胀环的结构有很多种,图 2-8 为常用的波形炉胆和膨胀环的结构。

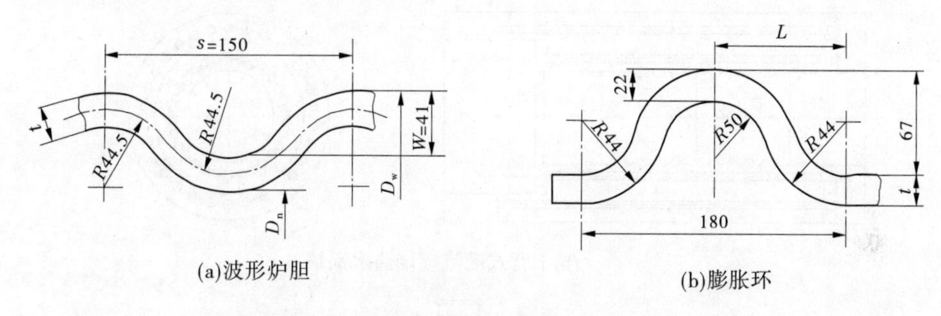

图 2-8 波形炉胆和膨胀环的结构 (单位:mm)

(三)卧式锅壳式燃油燃气锅炉的典型结构

卧式锅壳式燃油燃气锅炉的结构比较固定,其变化主要是对前后烟箱、尾部受热面的布置进行改革,主要结构形式有顺流燃烧锅炉和中心回焰燃烧锅炉。图 2-9 为所有这些锅炉的分类简图。

其主要结构类型如下:

(1)1 t/h 以下的蒸汽锅炉可以采用干背式顺流燃烧蒸汽锅炉[见图 2-9(a)];热水锅炉可以采用干背式顺流燃烧热水锅炉[见图 2-9(b)],最大容量可达 14 MW。

(2)2 t/h 以下的蒸汽锅炉可以采用湿背式中心回焰燃烧蒸汽锅炉[见图 2-9(c)];热水锅炉可以采用湿背式中心回焰燃烧热水锅炉[见图 2-9(d)],其最大容量可达到 2. 8 MW;大容量的热水锅炉应采用图 2-9(f)结构,其最大容量为 19 MW。

(3)2 t/h 以上的蒸汽锅炉均可采用湿背式顺流燃烧蒸汽锅炉[见图 2-9(e)];大型燃油燃气蒸汽锅炉一般也采用这种锅炉结构,这种锅炉可使其他受热面(过热器、尾部受热面)的布置更加灵活。

(4)采用大直径导烟管作为第二回程的三回程锅炉,如图 2-9(g)所示,按其功能应称为导烟管锅炉。

(5)采用双炉胆各成独立回路的湿背式三回程锅炉,如图 2-9(h)所示。主要用于制造大容量的锅壳式锅炉,可以同时布置过热器和省煤器。

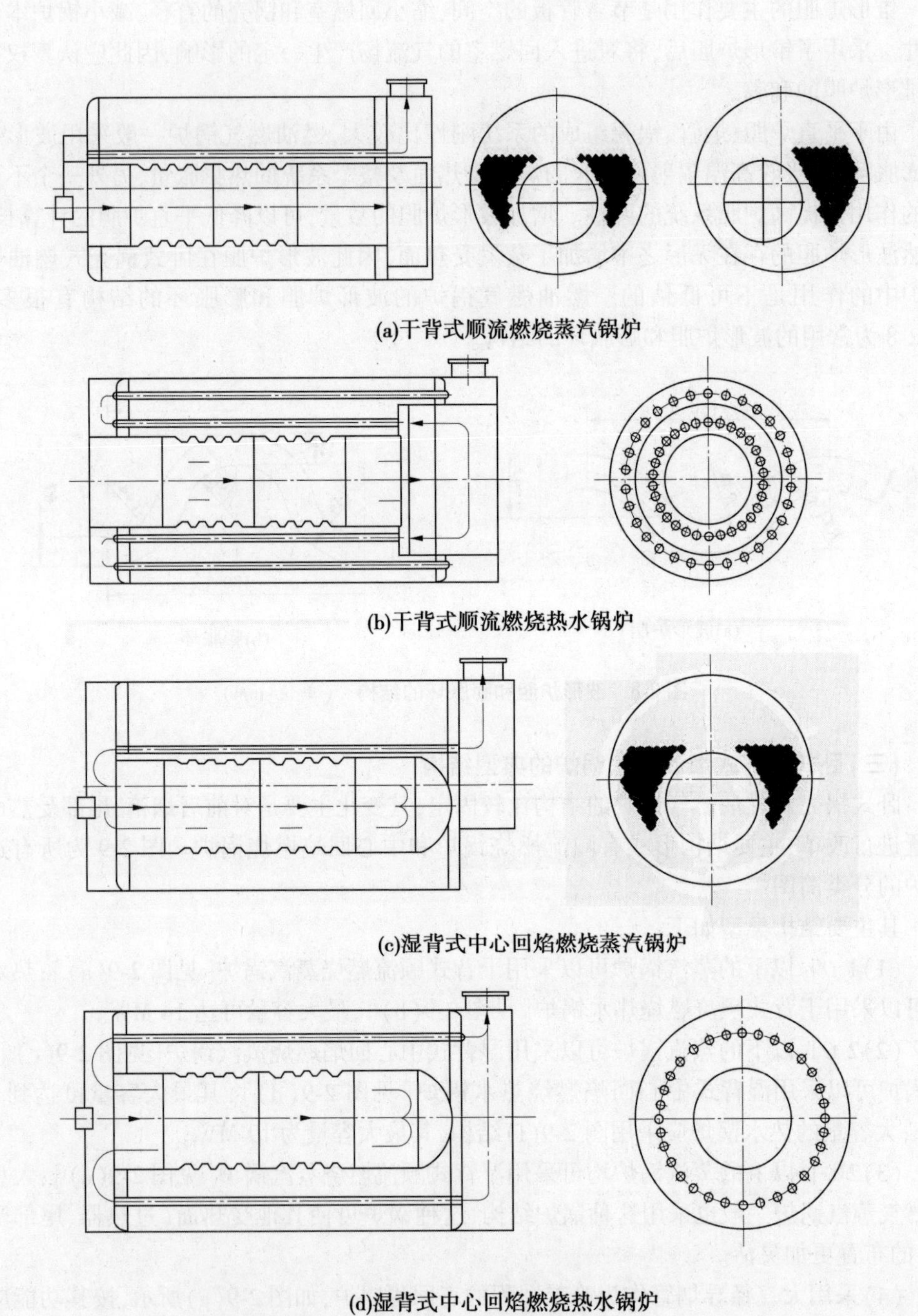

(a)干背式顺流燃烧蒸汽锅炉

(b)干背式顺流燃烧热水锅炉

(c)湿背式中心回焰燃烧蒸汽锅炉

(d)湿背式中心回焰燃烧热水锅炉

图 2-9　各种卧式锅壳式燃油燃气锅炉结构简图

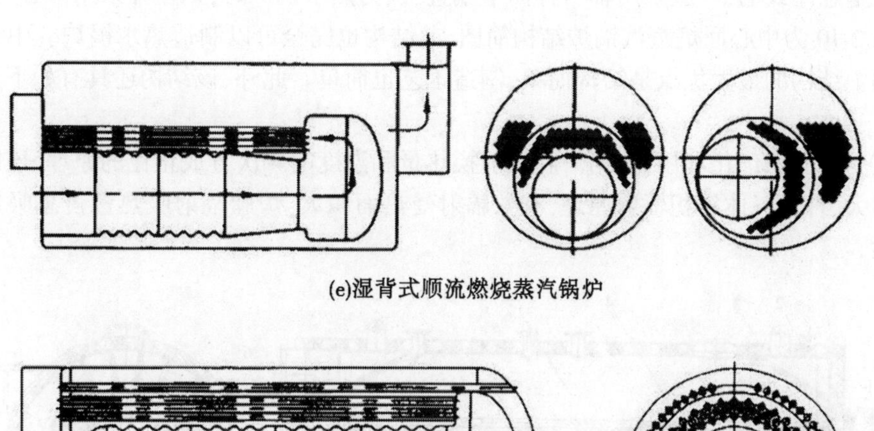

(e)湿背式顺流燃烧蒸汽锅炉

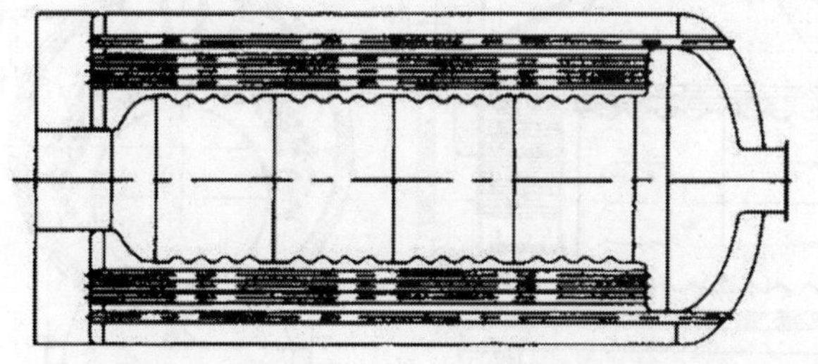
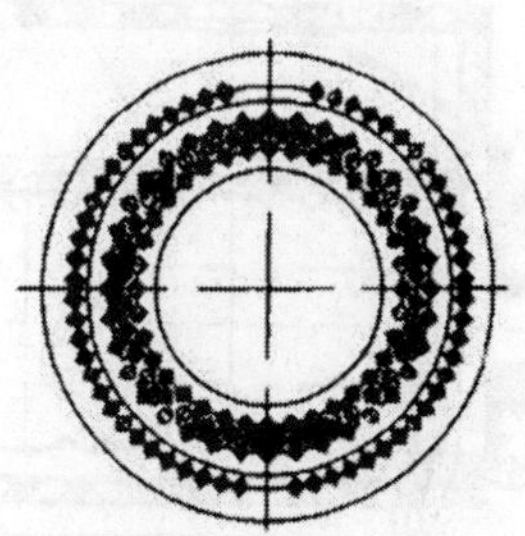

(f)湿背式顺流燃烧热水锅炉

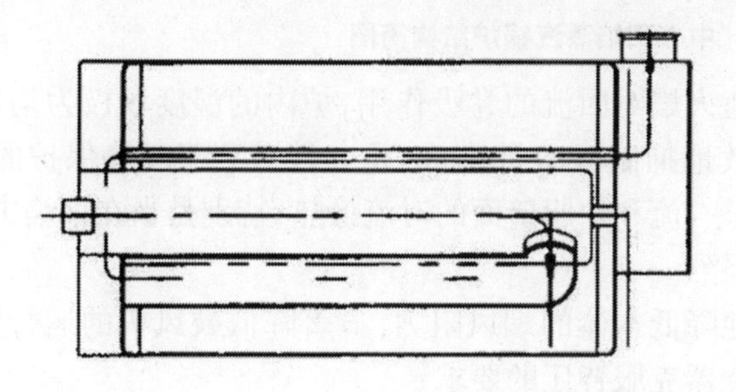
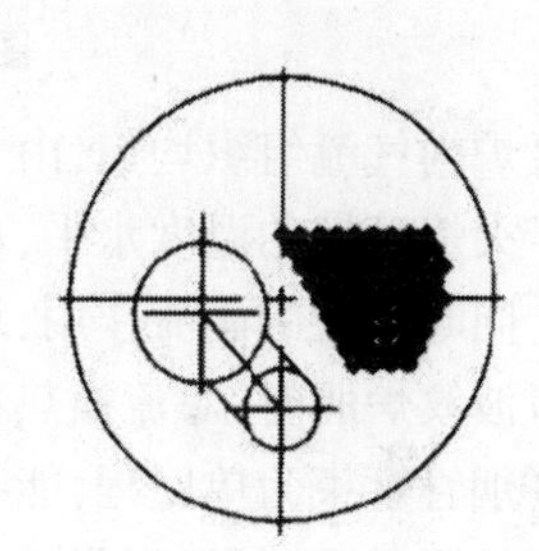

(g)湿背式顺流燃烧导烟管锅炉

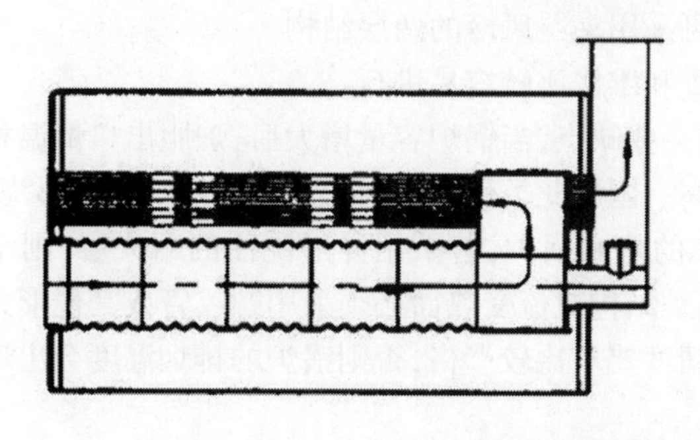
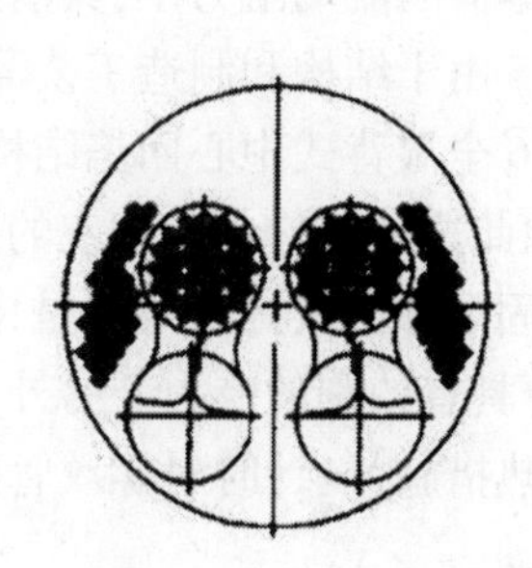

(h)湿背式顺流燃烧双炉胆锅炉

续图 2-9

(四)卧式锅壳式燃油燃气锅炉的结构分析

(1)图 2-9(c)和图 2-9(d)是湿背式中心回焰燃烧的蒸汽锅炉和热水锅炉结构。以前炉胆是悬浮式的,一般采用轴对称向下偏置,当为热水锅炉时,则往往采用中心对称。

图 2-10 为中心回焰蒸汽锅炉结构简图,此结构也完全可以制造热水锅炉。中心回焰燃烧锅炉结构的最大优点是结构简单,制造工艺也简单。此外,该结构还具有如下其他特点:

①受热面积优化利用,根据炉膛辐射换热量和温度的 4 次方成正比的原理,该锅炉炉胆空间大,符合气体容积辐射原理,有效辐射受热面积大,炉膛辐射吸热量占总吸热量的比例大。

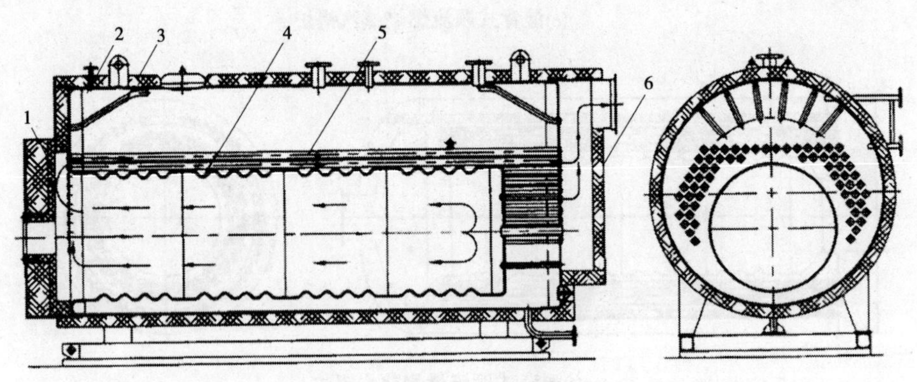

1—前烟箱;2—锅壳;3—斜拉杆;4—炉胆;5—第二回程;6—后烟箱

图 2-10　中心回焰蒸汽锅炉结构简图

②炉内气流组织均匀,由于高速火焰对回流的卷吸作用,炉内的温度场极为均匀,且降低了火焰区域的温度水平,可有效地抑制 NO_x 的生成,是一种有利于环境保护的燃烧方式。同时回流的湍流作用,增加了气流和炉胆壁面的对流换热,特别是当在火焰中心附近设置波纹炉胆时,对流换热更为强烈。

③烟管管束为单回程,能有效地降低本体的烟风阻力,显著降低鼓风机的运行电耗,且该锅炉不需要引风机,降低了燃烧器克服背压的要求。

④散热损失少,与干背式锅炉相比,没有后烟箱盖的散热。与其他湿背式锅炉相比,因为本体的流动阻力小,其前烟箱盖可采用夹层风冷的两层结构。

⑤由于结构和制造工艺简单,检查和维修比较容易进行。

⑥全湿背式中心回焰结构也存在一些缺点,当锅炉容量增大后,炉胆出口烟温相对较高,因此这种结构对前烟室的要求较高。国外此类锅炉的前烟室耐火层都是异形浇注,密封和固定都比较好。特别是中心对称的热水锅炉,若采用异形浇注的耐火层,则结构紧凑,更具有特别的魅力。另外,这种锅炉结构对流受热面必须采用螺纹管或其他形式的强化传热措施,设计时对螺纹管的加工精度要求比较严格,否则锅炉的排烟温度会出现较大的波动。

国外广泛采用中心回焰结构制造燃油燃气热水锅炉,它是 2. 8 MW 以下热水锅炉的优选结构。

(2)图 2-9(e)和图 2-9(f)是湿背式顺流燃烧三回程结构。该锅炉的湿背式结构避免了干背式结构后烟箱受高温烟气直接冲刷,容易损坏不得不经常停炉修理的缺点。该结构的回燃室制造起来比较复杂,装配要求高,制造成本较高。

此外,还有焊缝的数量较多,焊接工作量较大。该锅炉在制造工艺比较熟练的前提下,无论是燃烧过程,还是结构本身以及运行,都具有较高的可靠性,是大容量锅壳式燃油燃气蒸汽锅炉和热水锅炉的首选结构。图 2-11 为中等容量燃油燃气蒸汽锅炉的整体结构布置。

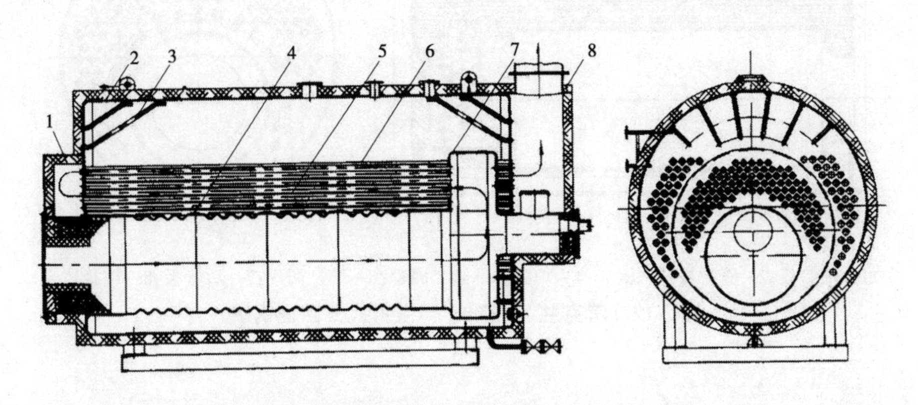

1—前烟箱;2—锅壳;3—斜拉杆;4—炉胆;5—第二回程;6—第三回程;7—回燃室;8—后烟箱

图 2-11　湿背式回燃室三回程的蒸汽锅炉结构

(3)图 2-9(g)锅炉是采用大直径导烟管作为第二回程的三回程锅炉,该锅炉的第二回程采用大直径导烟管,将烟气从炉胆尾部导引至前管板,可以说第二回程的对流换热不是本结构设置的主要目的,因此按其功能应称为导烟管锅炉。采用这种锅炉结构的主要想法是:一方面可以避免结构复杂的传统三回程回燃室结构;另一方面又实现了湿背式三回程结构的总体设计目的,同时还简化了制造工艺。

这种结构应该说是沿袭了考克兰"小酋长"型锅炉的设计理念,只不过用大直径导烟管代替了"小酋长"型锅炉中的第二回程的小直径烟管,与考克兰"小酋长"型锅炉(见图 2-12)相比,第二回程的换热量大为减少,第三回程的热传递热量就要增加。图 2-9(g)锅炉的优点在于管端和炉胆连接处的焊接工作量减少,同时简化了整个结构焊接工艺,使制造和材料成本低于带回燃室的传统三回程结构。图 2-9(g)中还显示出了烟管和导烟管偏置布置的情况,当锅炉容量较小时,只需要一根导烟管就足够了。而当锅炉容量增大后,往往采用炉胆和多根导烟管的轴对称结构,如图 2-13 所示。

采用图 2-12、图 2-13 结构的主要目的是避开制造工艺复杂的回燃室。该结构只适用于小容量锅炉,不仅制造工艺简单,而且锅炉成本低,实际设计时应注意锅炉容量的变化和锅炉结构变化的依存关系。当锅炉蒸发量或供热量增大后,必须采用带有回燃室的三回程锅炉结构。

一般压力锅炉锅壳的横截面形状以圆形截面居多(图 2-14 为导烟管和烟管采用中心对称布置),常压锅炉锅壳的横截面形状以非圆形截面居多,导烟管和烟管采用轴对称布置。图 2-15 为一种非圆形截面锅炉的外形结构图。

(4)图 2-9(h)是采用双炉胆各成独立回路的湿背式三回程锅炉,主要用于制造大容量的锅壳式锅炉。如国外生产的锅壳式锅炉,供热量在 10.5 MW 以上的高压热水锅炉采用双炉胆结构。锅炉额定蒸发量在 16 t/h 以上的高压蒸汽锅炉也采用双炉胆结构。德

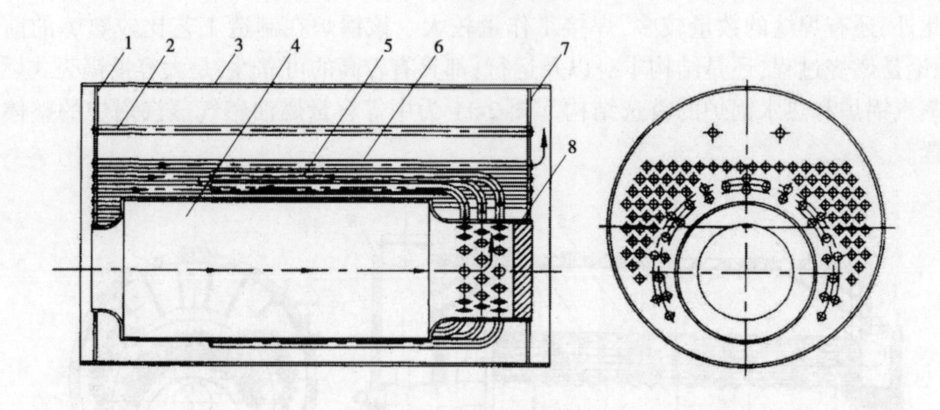

1—前管板；2—直拉杆；3—锅壳；4—炉胆；5—第二回程；6—第三回程；7—后管板；8—缩径段

图 2-12　考克兰“小酋长”半湿背式三回程锅炉

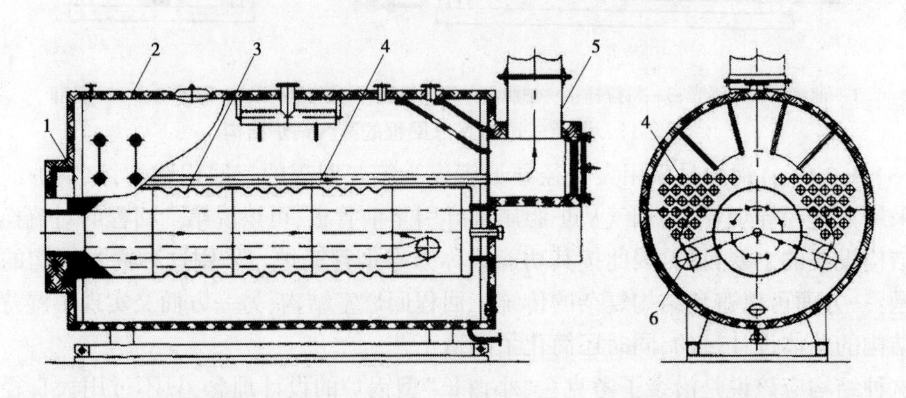

1—前烟箱；2—锅壳；3—炉胆；4—第三回程；5—烟气出口；6—导烟管

图 2-13　炉胆轴对称布置的导烟管三回程锅炉

国的 16 t/h 以上的锅壳式锅炉也采用双炉胆结构。双炉胆结构的锅炉的制造工艺比单炉胆要复杂得多。我国锅炉制造企业很少采用双炉胆结构，这和锅炉制造企业的传统制造工艺有关。另外，目前燃烧器的单机功率已经超过 29 MW，因此除非有特别需要，单炉胆也能制造容量比较大的锅壳式锅炉。

以上所述的 8 种炉型都有一些各自的变种，如干背式可采用不同的二、三回程；湿背顺流燃烧式炉胆可以偏置，也可以轴对称布置；全湿背式中心回焰结构的炉胆不仅可以轴对称布置，也可以中心对称布置，有时还可以偏置。

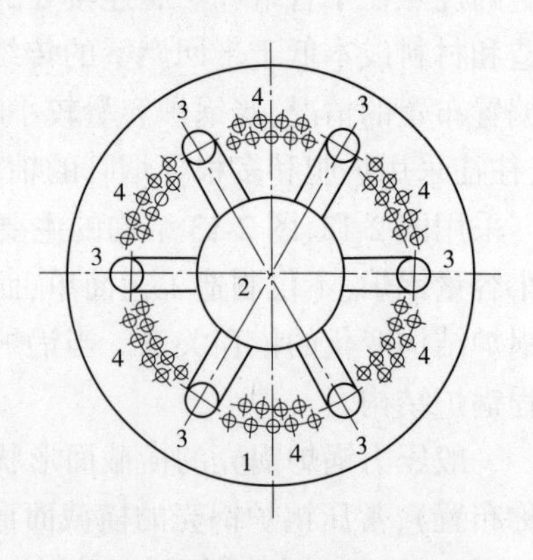

1—锅壳；2—炉胆；3—大直径导烟管；4—第三回程烟管

图 2-14　导烟管和烟管布置

图 2-15　常压导烟管锅炉外形图

第三节　水管燃油燃气锅炉

水管燃油燃气锅炉突破了锅壳式锅炉受热面“水包火”的构成方法,而以水管组成主要受热面,工作特征是火焰在管外加热管内锅水,因此在结构上就不再需要庞大的锅壳,同时盛水筒体也可大大缩小。当锅炉蒸发量要求提高时,增置受热面并无任何约束和困难,水管的布置既可自由伸展又可合理组合,所以水管锅炉在结构特点上使设计者易于提高压力和蒸发量。水管锅炉按其工作原理可分为自然循环式和强制循环式两大类。

水管锅炉与锅壳式锅炉相比,在以下几个方面具有明显的优势:

(1)能适应锅炉参数(工质温度和压力)提高的要求,从工业生产角度来讲,更高的蒸汽温度和压力可减轻重量和减小尺寸,提高生产效率。而以炉胆和锅壳为主要受压元件的锅壳式锅炉,当用于高的温度和压力时,会显著增大受压件的壁厚,不仅增加了锅炉的钢耗量,而且使锅炉受热面的布置和锅炉的运行缺乏灵活性。

(2)各种受热面的布置比较灵活,不仅能较方便地设置尾部的空气预热器和省煤器,还可以根据工业生产的需要设置过热器。

(3)有更高的安全裕度,水管锅炉的锅筒不承受直接的辐射和火焰冲击,安全性较高。另外,其承受直接辐射和火焰冲击的受热面管件,如果发生爆管事故,也比锅壳式锅炉炉胆发生破裂的危害程度要小。

水管锅炉对水质要求较高,生产时需要更大型、更先进的焊接和加工设备,水管锅炉的发展也使锅炉制造技术获得了长足的进步,如膜式水冷壁焊接就是随着水管锅炉的出现发展起来的。

根据水管锅炉炉膛传热特点,炉膛内部布置了一定数量的辐射受热面——水冷壁。采用水冷壁,既可以充分发挥辐射受热面热、强度高的优点,又可以用来保护炉墙,免受高温作用,并使灰渣不易粘在炉墙上,防止炉墙因冲刷磨损和过烧而损坏。水冷壁一般作为蒸发受热面,是自然循环锅炉构成水循环回路的重要部件。

大部分水管锅炉的水冷壁是由钢管组成的。常用水冷壁有光管水冷壁和膜式水冷壁。图 2-16 为四种水冷壁的结构。

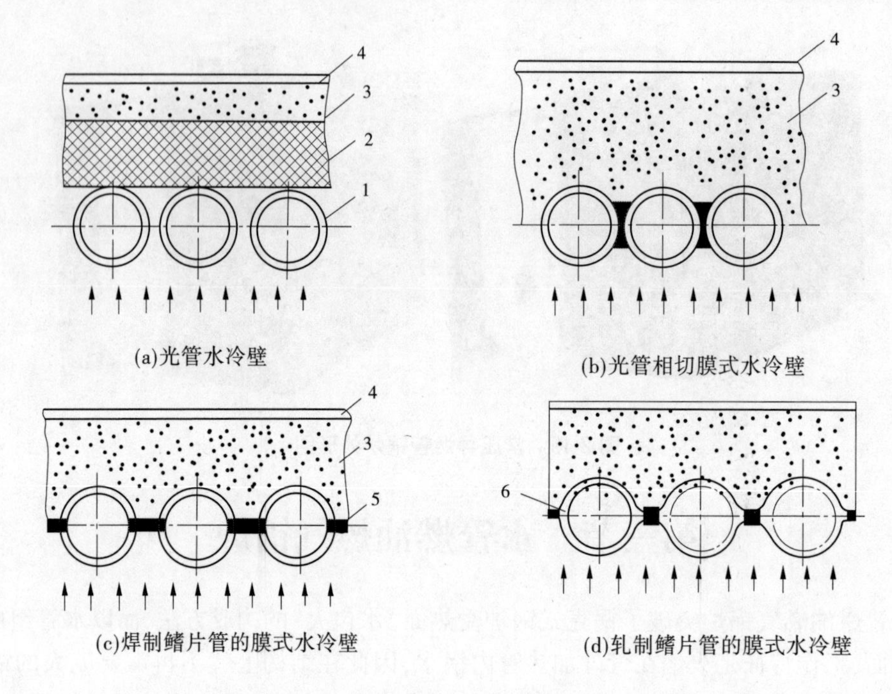

1—管子;2—耐火材料;3—绝热材料;4—炉皮;5—扁钢;6—轧制鳍片管

图 2-16　四种水冷壁的结构

一、立式水管锅炉

水管燃油燃气锅炉也有立式和卧式两种。在 2 t/h 以下的范围内,立式水管锅炉得到了一定程度的发展。立式水管燃油燃气锅炉占地面积小,结构紧凑独特,制造比较精巧,但所有这些立式水管锅炉对水质的要求都比较高,对自动控制、辅助设备要求也比较高。这些锅炉必须配备自动加药器和自动给水软化器,需要经常的维护和检查。其结构形式主要有自然循环直水管锅炉、直流直水管锅炉和直流盘旋管锅炉。图 2-17 ~ 图 2-19 为这三种锅炉的结构简图。

立式水管锅炉水容量小,启动迅速,比较适合作为海上或陆地上移动设备提供动力或满足供热之需。图 2-17 为自然循环直水管锅炉,本体为燃烧器顶置式,上下环形集箱之间焊有两圈水管。给水进入上集箱以供分配给水, 两圈水管因为受热的强弱不同,内圈水管作为上升管、外圈水管作为下降管组成简单的水循环,图 2-20 给出了水循环示意图。另外,此种锅炉采用扳边结构,承压能力比较大。作为船用锅炉产品最大曾达到 5 t/h 的蒸发量,工作压力达到 2.5 MPa。

图 2-17 和图 2-18 所示的锅炉结构基本相同,但在水循环原理上却有根本的差别。该类型锅炉也称为贯流锅炉。它的设计是由水泵从水管的下端开始供水,水在水管中从预热段、蒸发段、过热段沿管长一次贯流,在水管的另一端产生需要的蒸汽,所有直水管都是锅炉的上升管。

与自然循环的立式直水管锅炉相比,直流直水管锅炉的上集箱和下集箱可以具有相同的容积,锅炉的水位线不在上集箱,而在直水管的上部,因此这种锅炉直水管水位线处

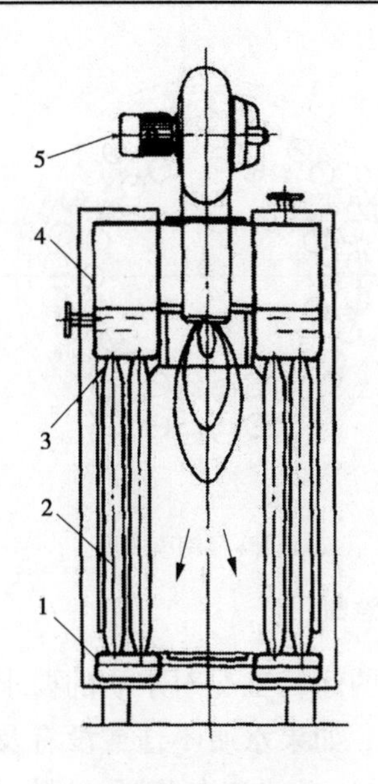

1—下集箱;2—直水管束;
3—缩径;4—上集箱;
5—燃烧器

图 2-17　自然循环直水管锅炉

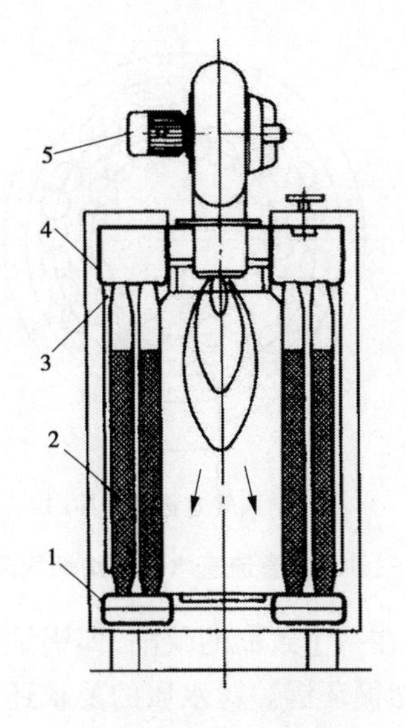

1—下集箱;2—直水管束;
3—缩径;4—上集箱;
5—燃烧器

图 2-18　直流直水管锅炉

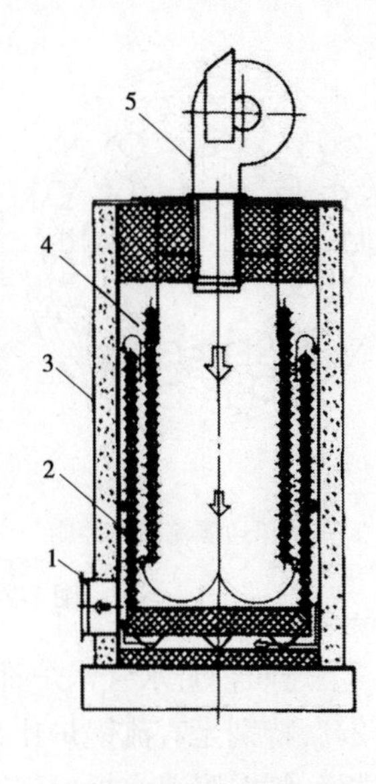

1—下集箱;2—盘旋管束;
3—保温层;4—烟气转弯气室;
5—燃烧器

图 2-19　直流盘旋管锅炉

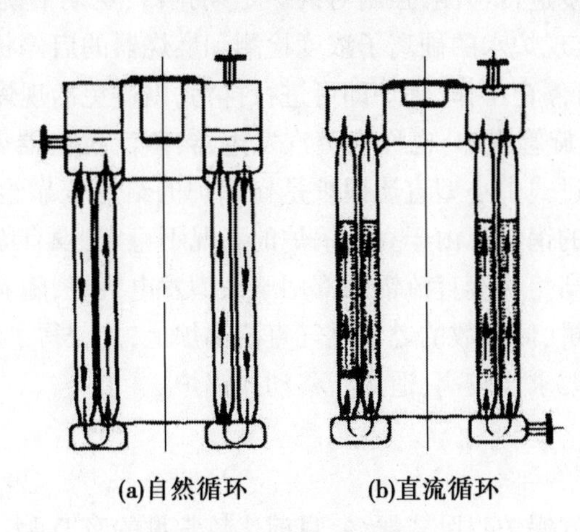

(a)自然循环　　(b)直流循环

图 2-20　水循环示意图

也极有可能发生水位波动引起热应力疲劳。锅炉给水也是从下集箱泵入的,但是因为没有自然循环锅炉那样大的蒸汽空间,要获得高品质的蒸汽,必须采取一些特殊的措施,如在锅炉上集箱的中部布置水平的水汽挡板。此外,蒸汽从上集箱上引出之后再进入汽水旋风分离器,进行二次离心式汽水分离。

图 2-21 给出了三种立式直流直水管锅炉烟气流动示意图。其中,图 2-21(a)和图 2-21(b)的内外圈直水管采用密排形式的膜式水冷壁,这种形式的直水管两端必须缩径,以保证管板上合理的孔桥间距。图 2-21(c)采用了由光管和扁钢焊接而成的膜式水冷壁,该结构直水管两端不用缩径,扁钢宽度就是两孔之间的孔桥间距。

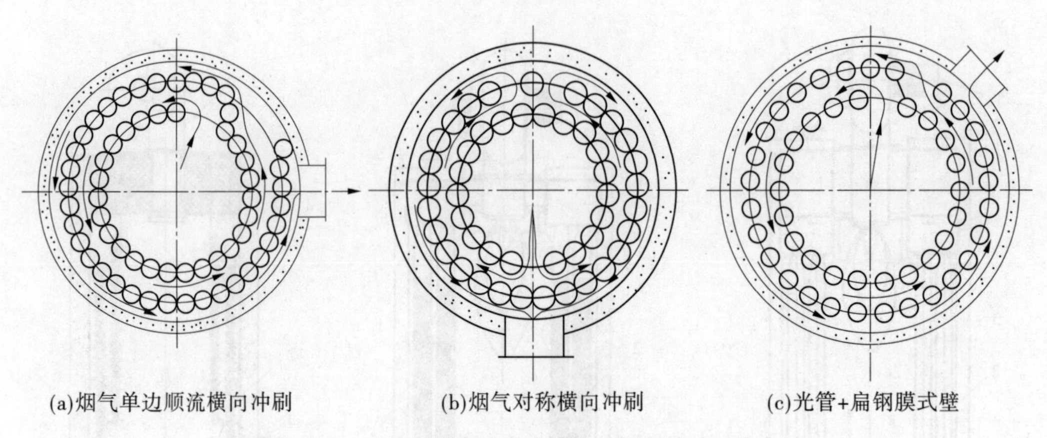

图 2-21　三种立式直流直水管锅炉烟气流动示意图

上述两种直水管锅炉都存在一个致命的缺陷,即锅炉水管的运行工况对水质的要求比较高,特别是直流锅炉比自然循环锅炉对水质的要求还要高。如果水质不佳或没有及时排污,管壁附着水垢而引起管壁温度上升,当管壁的温度超过材料的允许温度,材料强度就会降低,造成水管膨胀变形甚至爆管,不仅造成锅炉热效率降低和燃料的浪费,而且水管爆管后炉体不容易维修,从而造成更大的损失。国外此类锅炉均安装有给水软化器,并对炉水的硬离子浓度进行检测,强制对锅炉定期排污、定期清洗,而且有些锅炉还具有智能化的功能,可以实现炉水的硬离子浓度检测和燃烧器的启停状态的联锁,一旦硬离子浓度超标,燃烧器即可停止工作,锅炉即可进行排污,以避免出现爆管性事故。

图 2-19 为直流盘旋管锅炉,也称为蒸汽发生器,蒸汽发生器属于一次通过式中小容量直流锅炉。一次通过式中小型直流锅炉是指锅炉的给水依靠给水泵的压力,在受热面中一次流过产生蒸汽的锅炉。由于直流锅炉的工况不稳定,没有固定的汽水分界线,对锅炉的控制技术要求较高。一般直流锅炉都用于大型发电机组,随着控制技术的发展,这种锅炉已开始用于小容量、低参数的燃油燃气直流锅炉上,并获得了广泛的应用。它和其他直流锅炉一样对水质要求比较高,适用于移动式锅炉。

二、卧式水管锅炉

工业水管燃油燃气锅炉以卧式居多,目前比较常见的有 D 型、A 型和 O 型,如图 2-22 所示。其共同特点是燃烧器水平安装,操作和检修比较方便,宽、高尺寸较小,受热面沿长度方向有很大的裕度,有利于快装,也可组装生产。

在 D 型、A 型和 O 型燃油燃气锅炉中,D 型用得最多,经过了长期的使用考验,从 D 型变化出来的炉型也较多,而且 D 型在布置过热器和省煤器方面更加灵活。这三种锅炉结构形式非常适合工业锅炉快装和组装化的发展方向。特别是 D 型锅炉由一个大容积的炉膛和对流管束组成,其应用范围更广泛,用于燃油燃气锅炉被称为 SZS 双纵锅筒锅炉,需要上、下两个锅筒,除锅筒外,其他受压元件还有水冷壁管、对流管束、集中下降管和集箱等。结构上除这种传统的结构外,还出现了一些 D 型锅炉的变种结构。

组装式锅炉一般采用较大的水冷吸热面。火焰辐射吸热面的大小决定炉膛出口的烟

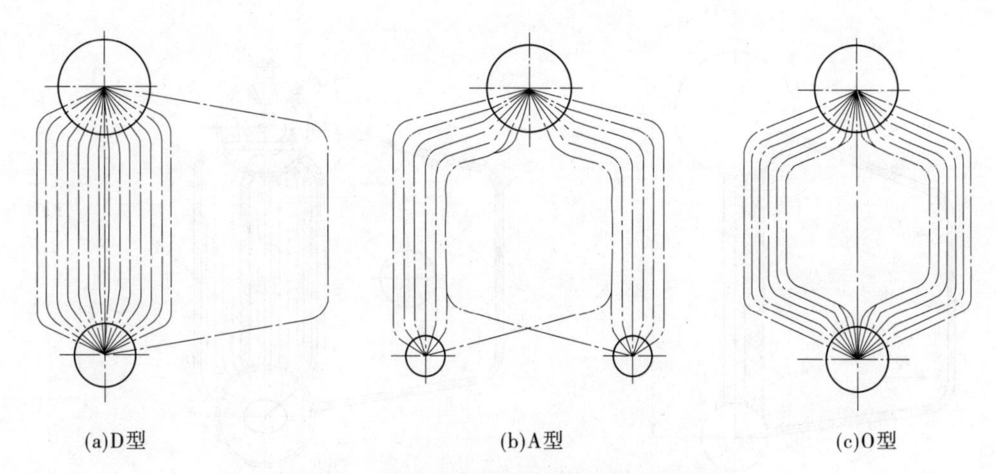

图 2-22　卧式水管燃油燃气锅炉的常见结构

气温度。在炉膛壁、顶棚和炉底充分布置水冷壁受热面,不仅可以降低炉膛出口温度,而且使炉膛中耐火材料的磨损和维修量减少。采用完全密封的焊接水冷壁,可使整体的热膨胀均匀,因而优于其他结构。

对于燃油燃气锅炉,应该考虑使用快装式锅炉结构,因为与现场安装的锅炉比较,快装式锅炉具有下列的一部分或全部优点:①投资费用最少;②占地面积最小;③运行人员的工作量最少;④实现全自动化控制;⑤多台机组运行,灵活性大;⑥交货期最短;⑦可以在室内或室外安装;⑧对基础的要求条件最少;⑨布置方式多样化;⑩燃烧器个数最少;⑪具有经过验证的可靠性。

(一)蒸汽锅炉

大部分组装式水管锅炉设计成正压燃烧,一般采用自然循环。图 2-23 为简单水管循环回路示意图。这是一个由受热的上升管和不受热的下降管组成的封闭系统,称为循环回路。由图 2-23 可见,水蒸气或高温热水在被加热的水管中形成,高温热水或汽水混合物的密度小于下降管中的水的密度,上升管和下降管中密度差引起工质在回路中的流动构成自然循环,这种水循环不需要外力来驱动。图 2-24 为 D 型自然循环蒸汽锅炉水循环示意图。

(二)热水锅炉

蒸汽锅炉自然循环的运动压头来自水与汽水混合物的密度差,此密度值较大。热水锅炉自然循环的运动压头来自水温差而产生的密度差,其差值较小。由于热水所载带的只是物理显热,不存在蒸发潜热。因此,热水的载热量要比蒸汽小得多,相应的工质流量也就要比蒸汽锅炉大得多,一般要差 10 多倍。热水锅炉的进水管及受热面的工质流通截面都要比蒸汽锅炉大。工业用蒸汽锅炉所供的蒸汽一般为饱和蒸汽,锅炉的工作压力(饱和压力)与蒸汽温度(饱和温度)有对应关系。而热水锅炉的实际工作压力与水温之间不存在对应的关系,可以调节流量或调节供水温度来调节其供热量。

蒸汽锅炉不断蒸发,锅水不断浓缩,因而锅炉给水硬度要严格控制,并需要经常排污。热水锅炉锅水不浓缩,水质变化不大,因此对补给水硬度要求可略低点,排污也不像蒸汽锅炉那么频繁,但对防结垢和防腐蚀而言,后者更为重要。由于热水温度低,热水锅炉的

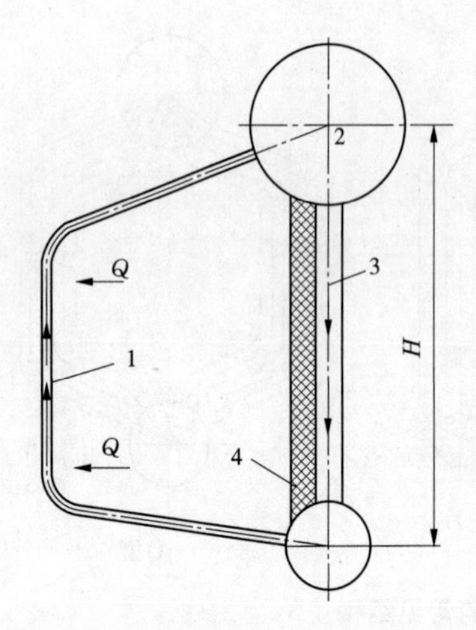

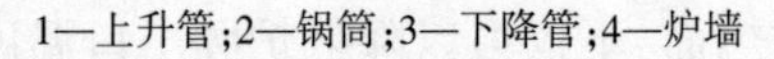
1—上升管;2—锅筒;3—下降管;4—炉墙

图 2-23　简单水管循环回路示意图

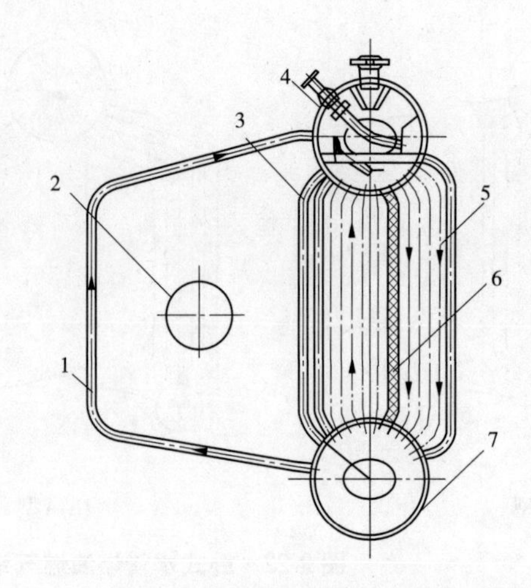

1—上升管;2—燃烧器;3—上升管束;4—锅筒;
5—下降管;6—对流管束烟道隔板;7—下锅筒

图 2-24　D 型自然循环蒸汽锅炉水循环示意图

低温受热面容易发生低温腐蚀和堵灰。热水锅炉是与供热管网及其换热设备甚至是和用户串联,因此避免汽化、防止腐蚀和防止热网水中夹杂污物流入,是热水锅炉更应注意的问题。

与蒸汽锅炉相比,热水锅炉的最大特点是锅内介质不发生相变,始终都是水。为防止汽化,保证运行安全,其出口水温通常控制在比工作压力下的饱和温度低 25 ℃左右。因此,热水锅炉无须蒸发受热面和汽水分离装置,一般也不需设置水位计,有的连锅筒也没有,结构比较简单。此外,传热温差大,受热面一般不结水垢,热阻小,传热情况良好,热效率高,既节约燃料,又节省钢材,钢耗量比同容量的蒸汽锅炉可降低约 30%。另外,对水质要求较低(但须除氧),一般不会发生因结水垢而烧损受热面的事故,受压元件工作温度较低又无须监视水位,热水锅炉的安全可靠性较好,操作也较简便。

热水锅炉的结构形式与蒸汽锅炉基本相同,也有烟管(锅壳式)、水管和水火管组合式三类。按生产热水的温度,可分为低温热水锅炉和高温热水锅炉两类。前者送出的热水温度一般不高于 95 ℃;后者出口水温则高于常压下的沸点温度,通常为 115 ℃和 130 ℃,高的可达 150 ℃和 180 ℃。如果按热水在锅内的流动方式,热水锅炉又可分强制流动(直流式)和自然循环两类。

热水锅炉是随着采暖工程的需要而发展起来的。与蒸汽采暖系统相比,热水采暖系统的热量损失少得多。热水锅炉采暖全部使用单相介质——热水作为工质,系统无蒸汽产生,漏水量极少,管路散热损失小。因此,热水采暖系统较蒸汽采暖系统可节约燃料 20%~40%。在采暖期间可连续供给一定温度的热水,室内温度稳定。另外,整个热水采暖系统都比较安全,事故少,维修费用较低。

中小容量热水锅炉(主要是指 7 MW 以下的自然循环热水锅炉)的循环回路高度往往不能满足要求。上升管中的流速一般较低,甚至小于 0.1 m/s,则在炉膛高热负荷区,上升管内的工质将产生过冷沸腾现象,再加上我国大多数锅炉用户的运行管理水平不佳,水处理设备处于失效状态,经常导致该处管壁结垢,有的黏附较厚泥渣,继而过热,发生爆管事故。对于自然循环热水锅炉,特别是中小容量热水锅炉,在进行循环回路设计时,必须采取一系列措施,以保证其水循环安全性。

为了充分保证热水锅炉的循环可靠性,也可以采用强制循环。强制循环热水锅炉,又称为管架式锅炉,这种管架式锅炉的主要结构特点是取消了直径较大的锅筒,锅炉全部由管子和集箱构成,依靠水泵克服各受热面的阻力。

强制循环热水锅炉最常见的水冷壁管屏一般是由向下或向上流动的回路组成的系统。带下降管屏的热水锅炉的循环可靠性,在很大程度上取决于水流动的速度和热负荷及全部的水力和热力偏差,在一定的热负荷和水流速之下,下降管屏管子中水流动的方向会被破坏。

第三章　燃料、燃烧和燃烧器

第一节　液体燃料与燃烧

锅炉常用的液体燃料是指石油(原油)经提炼得到的轻柴油、重油、渣油。小容量锅炉主要使用轻柴油,中等容量锅炉主要使用重油和渣油。

一、液体燃料的主要技术指标

(一)黏度

黏度表示液体流动时的内部阻力,是对流动性阻抗能力的度量。黏度是燃料油最主要的性能指标,是划分燃料油等级的主要依据。

黏度的大小表示燃料油的易流性、易泵送性和易雾化性能的好坏。黏度越大,流动性就越差。黏度对重油的管路输送、燃烧器的雾化状态有很大影响。黏度高的重油,其雾化性能差,燃烧状态不良,同时其发热值亦较低。黏度低的重油使用方便,价格较高,但由于黏度低的重油含有低沸点的烃,因此容易闪光而发生危险。

为了保证油流畅通和油在喷嘴内的良好雾化,必须对重油进行预热,但最高的预热温度应当比该油的闪点低约 4 ℃,以免发生危险。

(二)含硫量

燃料油中的含硫量过高会引起金属设备腐蚀和环境污染。根据含硫量的高低,燃料油可以划分为高硫、中硫、低硫燃料油。在石油的组分中除碳、氢外,硫是第三个主要组分,虽然在含量上远低于前两者,但是其含量仍然是很重要的一个指标。按含硫量的多少,燃料油一般又有低硫与高硫之分,前者含硫在 1% 以下,后者通常高达 3. 5%,甚至 4. 5%或以上。

(三)密度

密度是指油品的质量与体积的比值,常用单位有 g/cm^3、kg/m^3 或 t/m^3 等。由于体积随温度的变化而变化,因此密度不能脱离温度而独立存在。为便于比较,我国规定以 20 ℃下的密度作为石油的标准密度。

燃料油的密度比水小,所以通常浮在水面上。一般情况下,燃料油的密度主要取决于它所含低沸点馏分和胶状物质数量的多少,油品中馏分温度越低则密度越小,胶状物质越多则密度越大。

(四)闪点

闪点是油品安全性的指标。油品在特定的标准条件下加热至某一温度,由其表面逸出的蒸汽刚够与周围的空气形成一可燃性混合物,当以一标准测试火源与该混合物接触时,即会引起瞬时的闪火,此时油品的温度即定义为其闪点。其特点是火焰一闪即灭,达到闪点温度的油品尚未能提供足够的可燃蒸气以维持持续的燃烧，仅当其再次受热而达到另一更高的温度时，一旦与火源相遇方构成持续燃烧，此时的温度称燃点或着火点。虽然如此，但闪点已足以表征一油品着火燃烧的危险程度，习惯上根据闪点对危险品进行分级。显然闪点愈低愈危险，愈高愈安全。

（五）水分

水分的存在会影响燃料油的凝点，随着含水量的增加，燃料油的凝点逐渐上升。此外，水分还会影响燃烧机械的燃烧性能，可能会造成锅炉熄火、停炉等事故。

（六）灰分

灰分是燃烧后剩余不能燃烧的部分，特别是催化裂化循环油和油浆渗入燃料油后，硅铝催化剂粉末会使泵、阀磨损加速。另外，灰分还会覆盖在锅炉受热面上，使传热性变坏。

（七）机械杂质

机械杂质会堵塞过滤网，造成抽油泵磨损和喷油嘴堵塞，影响正常燃烧。

二、液体燃料的燃烧过程

燃料油在锅炉炉膛中以火炬的方式燃烧。油的燃烧过程大致可分为三个阶段：①燃油的预热阶段；②燃油雾化并使油雾加热、汽化和分解与空气混合阶段；③着火燃烧阶段。其中，第一阶段在燃油系统或燃烧设备中完成，后两个阶段则是在燃烧设备和炉膛中完成。

三、液体燃料的燃烧方式

油作为一种液体燃料，其燃烧方式可分为两大类：一类为预蒸发燃烧；另一类为喷雾燃烧。

预蒸发燃烧方式，是使燃料在进入燃烧室之前先蒸发为油蒸气，然后以不同比例与空气混合后进入燃烧室中燃烧。例如，汽油机装有汽化器，燃气轮机的燃烧室装有蒸发管等。这种燃烧方式与均相气体燃料的燃烧原理相同。

喷雾燃烧方式，是将液体燃料通过雾化喷嘴形成一股由微小油滴（50~200 μm）组成的雾化锥气流。在雾化的油滴周围存在空气，当雾化锥气流在燃烧室被加热时，油滴边蒸发、边混合、边燃烧。由于油的沸点比着火温度低，故不会直接在液滴表面形成燃烧的火焰，而是蒸发的油蒸气离开油滴表面扩散并与空气混合燃烧，因此火焰面离油滴表面有一定的距离。锅炉的燃烧一般都采用喷雾燃烧方式。

油的喷雾燃烧过程可大致归纳为雾化、蒸发、扩散混合、着火和燃烧等五个阶段。前三个阶段是一个物理过程，是保证稳定着火、充分燃尽的必要条件，特别是雾化和混合的好坏直接影响到燃烧化学反应的进程和燃烧的效率。

第二节　燃油燃烧器

燃油燃烧器主要由喷油嘴和调风器两大部分组成。喷油嘴的任务是把油均匀地雾化成油雾细粒；而调风器的任务是提供燃烧所需要的空气，并使进入炉内的空气与喷入的油雾均匀混合以提高燃烧效率。

一、喷油嘴

喷油嘴又称油嘴、雾化器,按其结构特性和雾化方法分为机械雾化油嘴、蒸汽雾化油嘴和转杯式油嘴三种。目前,燃油工业锅炉大多数采用机械雾化油嘴,极少数采用蒸汽雾化油嘴和转杯式油嘴。

(一)机械雾化油嘴

机械雾化油嘴是目前锅炉常用的油嘴,图 3-1 为简单机械雾化油嘴。它主要利用较高的油压将燃油从小孔喷出,射流的脉动及与气体介质的冲击摩擦而使油雾化成很小的油滴。机械雾化油嘴与其他形式油嘴相比,具有噪声较小、结构简单的优点。与蒸汽雾化油嘴相比,能减少烟气中的水蒸气含量,降低排烟热损失,且具有不需雾化介质、经济性高等优点。但对油嘴的加工质量要求较高,小容量的油嘴容易堵塞,油泵、管道耐压要求较高。

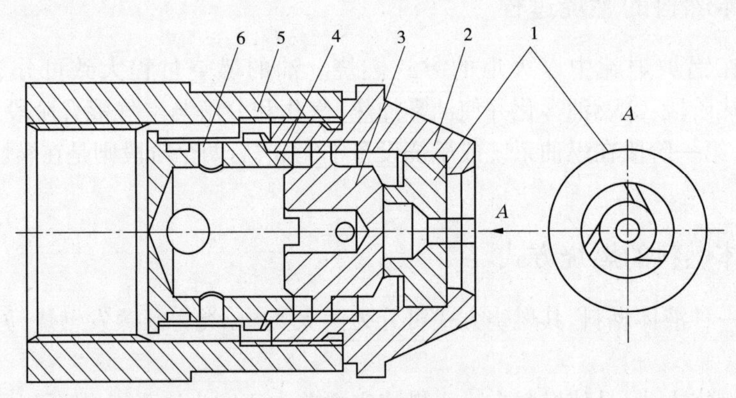

1—雾化片;2—油头;3—芯子;4—网座;5—套座;6—滤网

图 3-1　简单机械雾化油嘴

(二)蒸汽雾化油嘴

蒸汽雾化的原理是利用高速蒸汽喷射将油带出破碎为油粒,再由于蒸汽的膨胀和油粒在炉膛中受烟气的加热,而把油粒进一步粉碎为更细的油雾。

蒸汽雾化油嘴按油和蒸汽的混合地点不同,可分为内混式油嘴和外混式油嘴两种。蒸汽与油在喷嘴内混合的为内混式;蒸汽与油在喷嘴外混合的为外混式。目前,较多采用 Y 形蒸汽雾化油嘴,它是一种新型的内混式蒸汽雾化油嘴,如图 3-2 所示。由于油孔、气孔和混合孔三者呈 Y 形相交,因此称为 Y 形油嘴。

蒸汽通过内管流入汽孔,油从外管流入油孔,然后在混合孔内混合后喷入炉膛。

这种油嘴的优点是:喷孔较多,油和空气混合良好,雾化质量高,油量调节幅度较大,适应负荷变化的能力较强。缺点是:当蒸汽压力过高时,容易引起熄火,因此需要保持锅炉运行压力稳定。

(三)转杯式油嘴

转杯式油嘴的工作原理,是燃油通过空心轴进入高速旋转杯根部,随杯一起旋转,燃

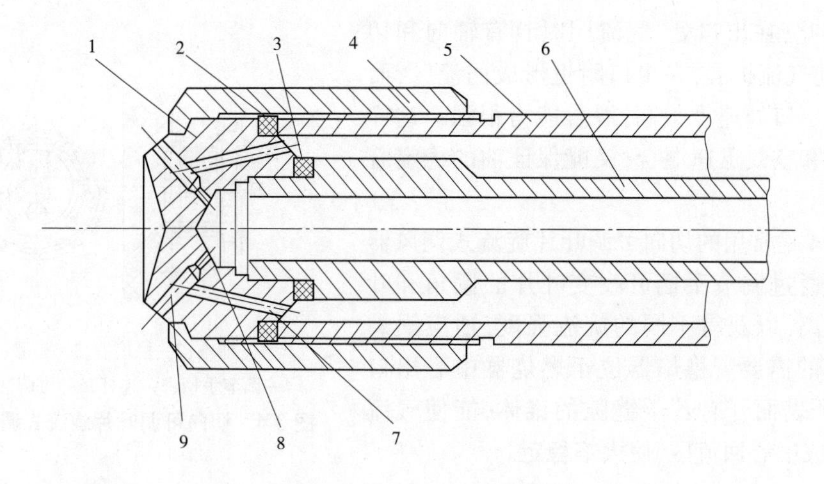

1—头部；2、3—垫圈；4—套嘴；5—外管；6—汽管；7—油孔；8—汽孔；9—混合孔

图 3-2　Y 形蒸汽雾化油嘴

油在离心力的作用下甩出而雾化。它的结构如图 3-3 所示。

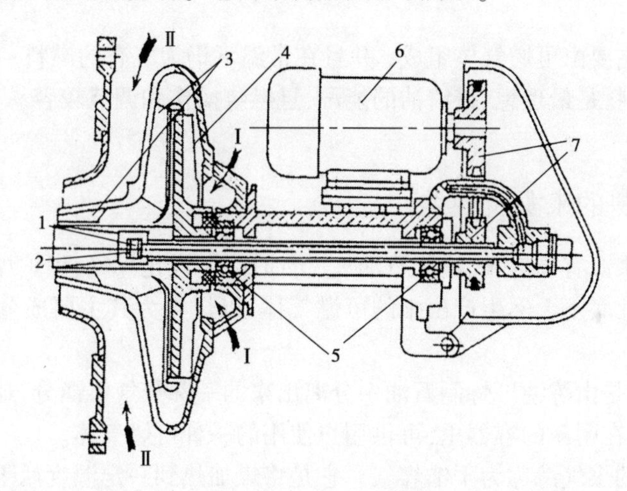

1—旋转杯；2—空心轴；3— 一次风导流片；4— 一次风叶轮；5—轴承；6—电动机；
7—传动皮带轮；Ⅰ— 一次风；Ⅱ—二次风

图 3-3　转杯式油嘴

转杯式油嘴具有喷油范围大、调节比高、油嘴不易堵塞等优点。但高速转动的部件容易损坏，运转噪声和振动较大。

二、调风器

燃油锅炉燃烧所需要的空气是通过调风器送入炉膛的，因此要求调风器不仅能正确地控制风和油的比例，保证燃烧所需的空气连续均匀地与油混合，而且能保证着火迅速，火焰稳定，燃烧完全。

枪式燃烧（由直流风形成）的火焰细长，与卧式内燃锅炉的炉膛（胆）正好匹配。

在较大的燃油锅炉中，几乎全部都采用旋流式调风器，在这种调风器中，空气做旋转运动。因此,在出口处,气流同时具有轴向和切向速度,使气流扩展,在出口附近形成回流区,而且气流在出口处速度很高,混合能力很强。这样既能使油和空气迅速混合,又能保证油的稳定着火。

图 3-4 是常用的切向可调叶片旋流式调风器的结构。通过调节手柄可改变叶片的倾角和叶片间的距离,以获得不同的旋流强度,适应锅炉负荷变化的需要。稳焰器位于燃烧器中心出口处,是一个表面开有若干缝隙的锥体,能使气流扩散,形成中心回流区,使火焰稳定。

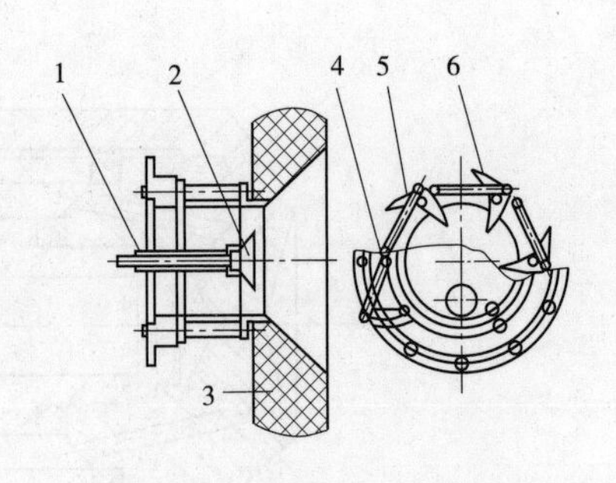

1—油枪;2—稳焰器;3—炉墙;
4—调节手柄;5—连杆;6—可调叶片

图 3-4　切向可调叶片旋流式调风器

第三节　气体燃料与燃烧

气体燃料指主要由可燃气体组成,并且在常温下仍为气态的燃料。从防止大气污染的观点来看,气体燃料是最理想、最清洁的能源,且燃烧操作和调节较容易,自动调节和点火及灭火也较简单。

一、气体燃料的来源及种类

气体燃料按来源有天然气、液化石油气、干馏煤气、汽化煤气、焦炉煤气、城市煤气等。

天然气是从地底下天然生产出来的可燃气体,以烃类为其主要成分。它有气田煤气和油田气两种。

液化石油气,是由炼油厂炼制石油中分离出来的一部分气体馏分,经冷却加压使之变为液体,然后灌装在耐压的容器里,可供用户使用的一种可燃气体。

煤干馏获得的煤气总称为干馏煤气。它是将煤加热到一定温度后干馏得到的煤气。

汽化煤气是把煤或石油放在高温下,使之与汽化剂(空气、氧气、水蒸气或上述几种气体的混合气)反应后得到的可燃气(以氢、一氧化碳、甲烷等为主)。汽化煤气是发生炉煤气、水煤气、高炉煤气、油气化煤气的总称。

焦炉煤气是炼焦的副产品,属于优质气体燃料,也是重要的化工原料,一般不宜直接作为燃料使用。

城市煤气是指供应城市居民生活和工业生产的人工管道煤气。它是由上述气体燃料中一种单一气体或若干种气体组成的混合气体。

二、气体燃料的主要成分

组成气体燃料的可燃气体主要有甲烷、乙烷、丙烷、丁烷、一氧化碳等。除可燃气体外,在气体燃料中还有不可燃气体,如二氧化碳、氮气、氧气及水蒸气等。常见气体燃料的成分及发热值见表 3-1。

表 3-1 常见气体燃料的成分及发热值

气体燃料种类	气体燃料的成分(体积)(×10^{-2})											低位发热值(kJ/m^3)
	CH_4	C_2H_6	C_3H_8	C_4H_{10}	C_mH_n	H_2	CO	CO_2	H_2S	N_2	O_2	
气田煤气	97.42	0.94	0.16	0.03	0.06	0.08		0.52	0.03	0.76		35 600
油田气	88.59	6.06	2.02	1.54	0.06	0.07		0.2		1.46		39 327
液化石油气		50	50									104 670
发生炉煤气	4.0					1.25	27	4.2		51.9	0.4	5 650
水煤气	2.6					33.3	29.3	17.8		16.9		8 996
高炉煤气						2	27	11		60		3 680
油气化煤气	15.4				15.3	34.8	25.8	5.4		2.3	1.0	28 590

三、气体燃料的特点

气体燃料是一种优质、高效、清洁的燃料,其着火温度相对较低,火焰传播速度快,燃烧速度快,燃烧非常容易和简单,很容易实现自动输气、混合、燃烧过程,主要有以下特点。

(一)基本无污染

气体燃料基本上无灰分,含氮量和含硫量都比煤和液体燃料要低很多,燃烧烟气中粉尘含量极少。硫化物和氮氧化物含量很低,对环境保护非常有利,基本上是无污染燃料,环保要求最严格的区域也能适用。同时,气体燃料由于采用管道输送,没有灰渣,基本上消除了运输、储存过程中产生的有害气体、粉尘和噪声。

(二)容易调节

气体是通过管道输送的,只要对阀、风门进行相应的调节,就可以改变耗气量,对负荷变化适应快,可实现低氧燃烧,提高锅炉热效率。

(三)作业性好

与液体燃料相比,气体燃料输送是管道直供,不需贮油槽、日用油箱等部件。特别是与重油相比较,可免去加热、保温等措施,使燃气系统简单,操作管理方便,容易实现自动化。

(四)容易调整发热量

在燃烧液化石油气时,加入部分空气,既可避开部分爆炸范围,又能调整发热量。

(五)气体燃料的缺点

与空气按一定比例混合会形成爆炸性气体。气体燃料大多成分对人和动物是有窒息性或有毒的,故对安全性要求较高。

四、气体燃料的燃烧

气体燃料的燃烧非常容易和简单,它没有蒸发过程,只有与空气混合和燃烧两个过程。气体燃料或气体燃料与空气的混合气体从燃烧器喷口喷出后进入炉膛内进行燃烧。根据燃气与空气混合方式的不同,气体燃料的燃烧方式大致可分为预混合燃烧方式、扩散燃烧方式和部分预混合燃烧方式。

(一)预混合燃烧方式

气体燃料与空气在燃烧器前面的混合器内,预先混合成已达到可燃浓度范围的混合气体,然后从燃烧器喷口喷出送入炉膛进行燃烧。采用这种燃烧方式时,在外焰的外侧还存在一层看不清的高温薄焰膜,所以人们又把这种燃烧方式叫作无焰式燃烧。

预混合燃烧方式由于依靠燃烧器前的混合器,把气体燃料与空气混合起来,因此燃烧过程极为迅速,这样既缩短了火焰长度,又提高了火焰温度,并且能在较大的炉膛空间内燃用较多的燃料。但是,如果燃烧器和混合器设计不当,就会产生火焰吹熄、燃烧中断,甚至由于残留混合气体而使炉内烟气发生爆炸,酿成事故。目前,燃天然气锅炉的燃烧器大多采用预混合燃烧方式。

(二)扩散燃烧方式

扩散燃烧方式是空气和气体燃料各自分别送入燃烧室中进行燃烧的一种方式。扩散燃烧方式的优点是燃烧稳定,燃具结构简单;但火焰较长,燃烧速度缓慢,易产生不完全燃烧,并使受热面积炭。

(三)部分预混合燃烧方式

燃烧前预先将一部分空气与气体燃料在混合器中混合,并从燃烧器喷口分别喷出预混合气体和空气,然后进行扩散燃烧的燃烧方式称为部分预混合燃烧方式。这种燃烧方式具有燃烧速度快、火焰温度高、难于回火和不易产生燃气爆炸等优点;但燃烧不稳定,对一次风的控制要求较高,一般需装设挡板予以调节。

第四节　燃气燃烧器

燃烧气体燃料的燃烧器有许多种,常用的有扩散式燃烧器、大气式燃烧器和完全预混式燃烧器。

一、鼓风式扩散式燃烧器

在鼓风式扩散式燃烧器中,燃气燃烧所需要的全部空气均由鼓风机一次供给,但燃烧前燃气与空气并不实现完全预混,因此燃烧过程并不属于预混燃烧,而是扩散燃烧。鼓风式扩散式燃烧器可做成套管式、旋流式、平流式等各种结构形式。

图 3-5 为单套管燃烧器。这种燃烧器的特点是结构简单,制造容易,气流阻力小,所需空气、燃气压力低,一般为 800~1 500 Pa,燃烧稳定,不会回火。其缺点是燃气与空气混合较差,热负荷过大时火焰长度较长,需要较大的燃烧空间和较高的过剩空气系数。

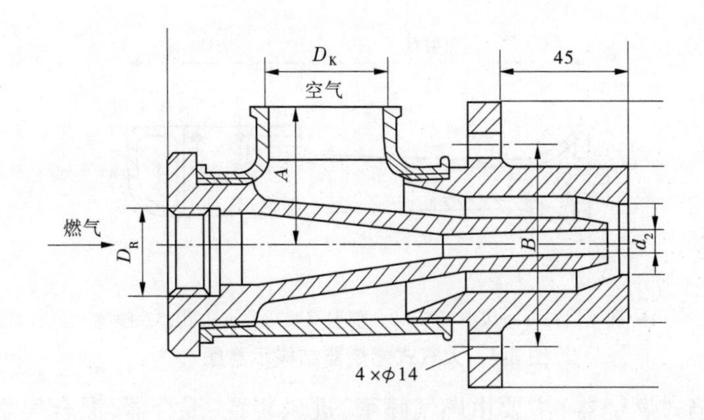

图 3-5　单套管燃烧器（单位：mm）

图 3-6 为管群式燃烧器，这种燃烧器与单套管燃烧器不同，是燃气经燃气供给总管分配到数根平行小管，沿燃烧器圆周方向喷出，燃烧所需的全部空气由鼓风机供给，以较高的速度从管隙流出与燃气混合，改善了混合情况，有较好的效果。

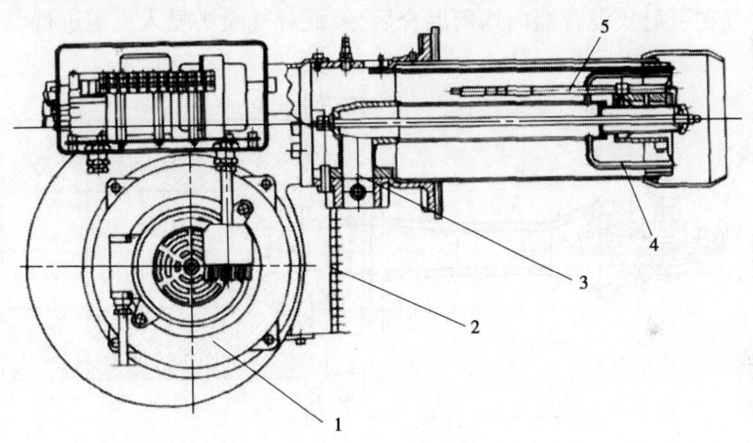

1—风机；2—空气入口；3—燃气总管；4—管群燃气喷管；5—电子点火电极

图 3-6　管群式燃烧器

二、大气式燃烧器

大气式燃烧器又称为引射式预混燃烧器，应用十分广泛。它由头部和引射器两部分组成，如图 3-7 所示。大气式燃烧器的工作原理是燃气在一定压力下以一定的流速从喷嘴喷出，依靠燃气动能产生的引射作用吸入一次空气，在引射器内燃气与部分空气混合后，从排列在头部的火孔流出进行燃烧。

多火孔大气式燃烧器在家庭和公用事业的燃气用具中广泛应用，在小型锅炉及工业锅炉上也有应用。单火孔大气式燃烧器在中小型锅炉及工业锅炉上也较常采用。

三、完全预混式燃烧器

完全预混式燃烧器的特点，是燃气与空气在燃烧之前实现全部预混。完全预混式燃

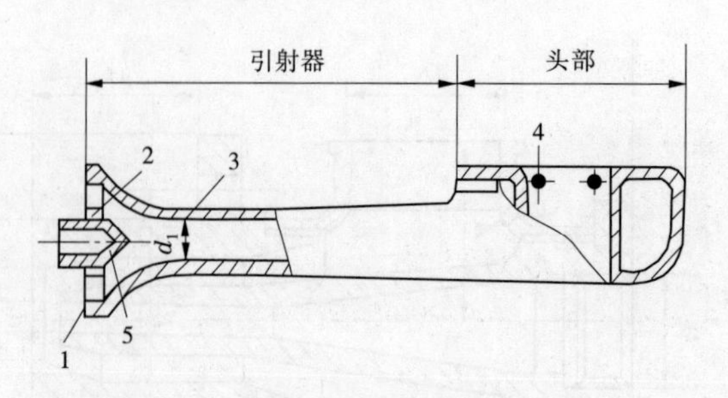

1—调风板;2—一次空气口; 3—引射器喉部;4—火孔;5—喷嘴

图 3-7　大气式燃烧器结构示意图

烧器(也称为无焰式燃烧器)主要由燃气喷嘴、进风装置、混合器、混合气喷头及火道组成。根据燃烧器使用的压力、混合装置及头部结构的不同,完全预混式燃烧器的结构有很多种。

图 3-8 为引射式单火道完全预混燃烧器,燃气以一定的压力经燃气喷嘴进入混合器,在高速燃气的引射作用下,将空气从进风碗引射到混合器,进风量的大小可由调风碗调节,燃气和空气在引射式混合器内均匀混合后,经混合气喷头喷入火道进行燃烧。

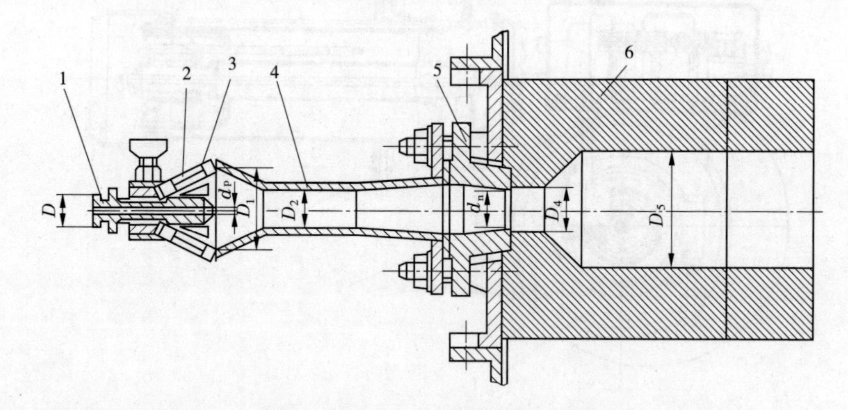

1—燃气喷嘴;2—进风碗;3—调风碗;4—引射式混合器;5—混合气喷头; 6—火道

图 3-8　引射式单火道完全预混燃烧器

图 3-9 为板式完全预混燃烧器,由引射式混合器、混合气喷头、分配室和群列火道等组成。燃气从燃气喷嘴喷入,并引射空气进入引射式混合器,均匀混合后的混合气体由喷头喷入分配室,分配室将混合气体分配到管群排列的火道进行燃烧。这种燃烧器的特点是火道表面升温快,在点火后 20~30 min 内火道表面温度可达 700~1 000 ℃,保证燃烧在火道长度范围内进行,功率为 40~1 163 kW。

为了提高燃烧热强度和燃烧效率,完全预混燃烧器大多数做成鼓风式,同时将风机和燃气喷嘴、点火器、自动保护装置等做成一体,并实现燃气和空气的比例调节和燃烧按负荷的比例调节,负荷调节范围可达到 1:5 左右。

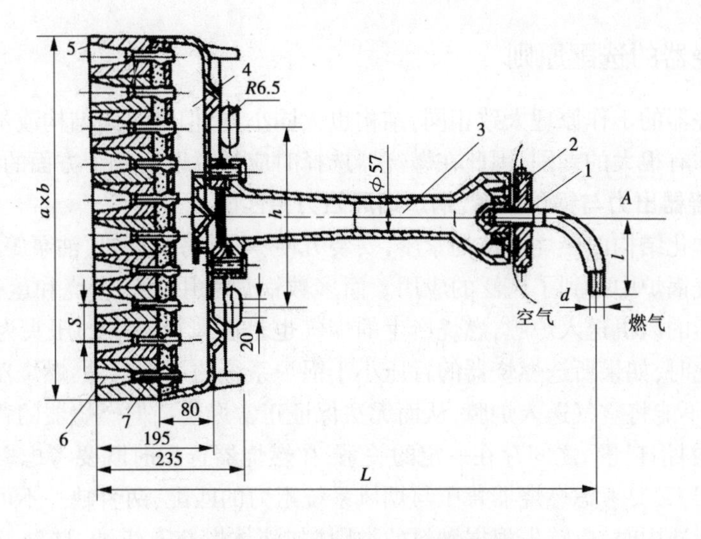

1—燃气喷嘴；2—调风器；3—引射式混合器；
4—分配室；5—陶瓷火道砖；6—火道；7—喷管

图 3-9　板式完全预混燃烧器

第五节　燃烧器的选配原则

燃油燃气锅炉燃烧器的选用，应根据锅炉本体的结构特点、性能要求及燃料特性，结合用户使用条件进行选择。

一、燃烧器的主要作用

作为燃油燃气锅炉的燃烧设备，燃烧器的主要作用如下：

(1)提供锅炉所需的燃油或燃气，对油燃料还要选择油雾化方式。增大燃料与空气的接触面积。对气体燃料还应选择燃烧方式。

(2)供给燃烧所必需的空气，实现空气与油雾或燃气充分混合，保证燃烧完全。

(3)保证点火迅速，燃烧稳定。

(4)实现程序点火和燃烧过程的自动控制。

目前，用于中小型锅炉的燃油燃气燃烧器多采用一体化结构，所以人们习惯上称其为燃烧机。燃油燃烧器主要由机壳、电动机、风机、风门、风门调节器、油泵、电磁阀、点火装置、火焰监测器、喷油嘴等组成的。燃气燃烧器，主要由机壳、电动机、燃气喷嘴、风机、风门、电磁阀、点火装置、火焰监测器等组成的。其中，电动机与风机和油泵通过联轴节相连，电动机转动时，带动风机和油泵一起转动。风机的作用是将燃烧需要的空气送入炉膛，并产生一定的压力。调节风门调节器可控制进风门开度调节进风量。油泵的作用是将燃料油加压，并为雾化提供能量。控制电磁阀开关，可以控制燃油或燃气的供应。小型燃烧器的喷油嘴或燃气喷嘴的数量可为一个或几个，并由不同的电磁阀分别控制，以达到分段燃烧的目的。火焰监测器则起安全点火和熄火保护的作用。另外，每台燃烧器上都带有一个控制器，燃烧器的点火运行程序就是通过它进行控制的。

二、燃烧器的选配原则

虽然燃烧器的工作原理大致相同,结构也大同小异,但是不同结构或不同厂家生产的燃烧器性能却有很大的差别,因此在燃烧器选择时应注意以下几个方面的问题。

(一)燃烧器出力与锅炉容量、锅炉烟风阻力需匹配

由于一体化结构的燃烧器结构紧凑,安装方便,不需另配风机、油泵等设备,因此在中小型燃油燃气锅炉中得到了广泛的应用。而多数锅炉采用正压燃烧和运行,即锅炉的进风是由燃烧器的风机送入炉膛,燃烧产生的烟气也是以风机产生的压头为动力吹出炉膛排入大气。此时,如果所选燃烧器的背压小于锅炉系统的烟风阻力,燃烧器就不能将烟气吹出炉外,也不能将空气送入炉膛,从而无法保证正常燃烧。但燃烧器的背压和燃烧器的热功率(或燃料消耗量)之间存在一定的关系,在燃烧器选型时既要考虑燃烧器热功率与锅炉出力匹配,又要考虑燃烧器背压与烟风系统阻力的匹配,两者缺一不可。

在燃烧器选用时,应首先根据燃料的类别(如液体燃料有煤油、柴油、重油、渣油和废油,气体燃料有城市煤气、天然气、液化石油气和沼气)了解燃料的如下特性:

(1)煤油、柴油应有发热量和密度。

(2)重油、渣油和废油应有黏度、发热量、水分、闪点、机械杂质、灰分、凝固点和密度。

(3)燃气应有发热量、供气压力和密度。

在掌握燃料特性的情况下,首先选用能够适应本燃料的燃烧器,如轻油燃烧器、重油燃烧器、渣油燃烧器或天然气、液化石油气燃烧器等。然后根据燃料的发热值大概估算出燃料的消耗量,以便选取燃烧器的具体型号。在没有燃料发热值的情况下选用燃烧器,可根据锅炉的出力折算成热功率进行确定。

每一种型号的燃烧器都有一个燃油或燃气消耗量范围,如果选用的燃烧器,其燃油消耗量或燃气消耗量不能满足锅炉所需的燃料消耗量,就不能保证锅炉的出力。

需要指出的是,小型燃烧器的燃烧室背压值都不太高,为 0. 1~0. 3 MPa 或 0. 4~1. 0 MPa。因此,在设计锅炉时,烟速不宜选择得太高,以免锅炉烟风阻力过大而选择不到合适的燃烧器。

(二)燃烧器火焰的几何尺寸与锅炉燃烧室需匹配

燃烧器燃烧产生的火焰具有一定的几何形状和尺寸,通常在锅炉设计和燃烧器选型时,应注意控制火焰直径和长度两个基本参数,不同燃烧器的火焰直径和长度是不同的。要想使燃烧充分进行,并将热量很好地传递给锅炉,燃烧室结构一定要与火焰的外形尺寸相匹配。如果燃烧室太小,火焰直径和长度大,则会出现火焰直接冲刷受热面,造成未燃尽油雾或气体的急冷而在受热面上积炭。若燃烧室太大,火焰长度、直径小,则会出现火焰充满度差、炉内温度低的现象,影响受热面的有效利用。因此,一般的燃烧器供应商都有推荐的燃烧器火焰直径和长度的尺寸图。

在燃烧器的实际使用中,所选用的火焰直径和长度应尽量接近锅炉炉膛设计尺寸,以保证锅炉正常燃烧。同时,火焰尺寸也可通过喷油嘴的雾化角度及燃烧器稳焰盘位置进行适当的调节。

当采用中心回焰的燃烧方式时,炉胆的直径应比图中推荐尺寸大一些,以保证回焰气流顺利流动。

(三)燃烧器的安全技术要求

(1)锅炉的燃烧系统应当根据锅炉设计燃料选择适当的锅炉燃烧方式、炉型、燃烧设备和燃料制备系统。

(2)燃油(气)锅炉燃烧器应当符合《燃油(气)燃烧器安全技术规则》(TSG ZB001)的要求,按照《燃油(气)燃烧器型式试验规则》(TSG ZB002)的要求进行型式试验,取得型式试验合格证书,方可投入使用。

(3)燃油(气)燃烧器燃料供应母管上主控制阀前,应当在安全并且便于操作的地方设有手动快速切断阀。

第四章　安全附件、仪表和阀门

锅炉附件、仪表是确保锅炉安全、经济运行必不可少的组成部分。锅炉附件主要有安全阀、压力表、水位表和各种阀门等。

第一节　安全阀

一、安全阀的作用与原理

(一)安全阀的作用

安全阀是锅炉三大安全附件之一,它能自动将锅炉工作压力控制在允许范围之内,其主要作用如下:

(1)当锅炉内蒸汽压力超过规定压力(设定整定压力)时,安全阀能够自动开启,排汽降压,同时发出警报,使锅炉操作人员能及时采取措施。

(2)当锅炉内蒸汽压力降到低于安全阀回座压力时,安全阀又能够自动关闭,以节省燃料。

(二)安全阀的原理

安全阀主要由阀座、阀芯和加压装置等部分组成。它的工作原理是:安全阀阀座内通道与锅炉蒸汽空间相通,阀芯的底部受到由锅内蒸汽压力产生向上的蒸汽托力,阀芯的上部受到加压装置产生向下的压力。当阀芯上部的压力大于蒸汽托力时,阀芯被压紧在阀座上,安全阀处于关闭状态。当蒸汽压力升高,使阀芯所受到的蒸汽托力大于加压装置对阀芯的压力时,阀芯被顶起,安全阀开启,在排出蒸汽的同时,锅内蒸汽压力逐渐下降,阀芯所受的蒸汽托力随之降低,当它小于加压装置对阀芯产生的压力时,安全阀又自动关闭。

二、安全阀的形式和结构

工业锅炉上常用的安全阀有弹簧式安全阀、杠杆式安全阀和静重式安全阀三类。

(一)弹簧式安全阀

弹簧式安全阀是燃油燃气锅炉上使用最广泛的安全阀,主要由阀体、阀座、阀芯、阀杆、弹簧和调整螺杆等组成,如图 4-1 所示。

弹簧式安全阀是利用安全阀中的弹簧,被压缩后产生的弹力将阀芯压紧在阀座上,使锅炉蒸汽压力保持在允许范围之内。当作用于阀芯底部的蒸汽托力大于弹簧作用在阀芯上部的弹力时,弹簧就被压缩,使阀芯被顶起离开阀座,蒸汽通过阀芯与阀座之间的间隙向外排泄。当作用于阀芯底部的蒸汽托力小于弹簧作用在阀芯上部的弹力时,弹簧就伸长,使阀芯与阀座重新紧密结合,蒸汽停止排泄。

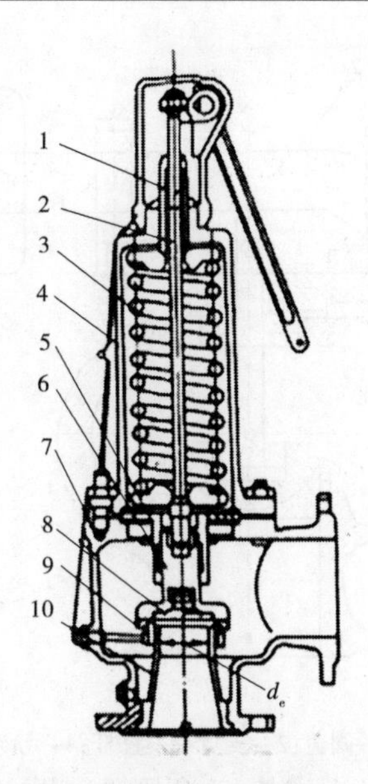

1—调整螺杆;2—阀杆; 3—弹簧;4—阀盖 ;5—导向套;
6—反冲盘;7—阀体;8—阀瓣;9—调节圈;10—阀座

图 4-1　全启式弹簧安全阀

弹簧式安全阀的整定压力是通过拧紧或放松调整螺杆来调节的。拧紧调整螺杆,弹簧被压缩,弹力增加,作用于阀芯上的压力也就增大,安全阀整定压力被调高;反之,放松调整螺杆,弹簧被放松,弹力减小,作用于阀芯上的压力也就减小,安全阀整定压力被调低。

弹簧式安全阀按其开启高度,还可分为微启式和全启式两种结构形式。

微启式弹簧安全阀在超压开启时,它的阀芯开启高度变化与介质压力成比例增大,排出的流量也相应成比例增大,没有突然的变化,所以也称作比例作用式安全阀。它的阀芯开启高度一般相当于阀座密封面内径(喉径)的 1/40~1/20。

全启式弹簧安全阀在阀芯的外边,增加了一个与阀芯同步动作冲盘,从而利用蒸汽排出时产生的反冲力使阀芯开启高度增到相当于喉径的 1/4 以上,排出蒸汽的环形面积增大到微启式阀芯的 5~10 倍,排量也相应大幅度增加。

(二)杠杆式安全阀

杠杆式安全阀主要由阀体、阀座、阀芯、杠杆和重锤等构件组成,如图 4-2 所示。

杠杆式安全阀是利用重锤的重量通过杠杆力矩作用,将阀芯压紧在阀座上,使锅炉蒸汽压力保持在允许范围之内。当蒸汽托力产生的力矩大于重锤产生的力矩时,阀芯被顶起离开阀座,蒸汽向外排泄;当蒸汽托力产生的力矩小于重锤产生的力矩时,阀芯又重新被压紧在阀座上,蒸汽停止排泄。

杠杆式安全阀的整定压力是通过移动重锤与杠杆支点间的距离来调节的。把重锤与杠杆支点的距离增大,安全阀整定压力被调高;反之,把重锤与杠杆支点的距离减小,整定压力就被调低。

(三)静重式安全阀

静重式安全阀主要由阀体、阀座、阀芯、环状铁块、防飞螺丝和阀罩等构件组成,

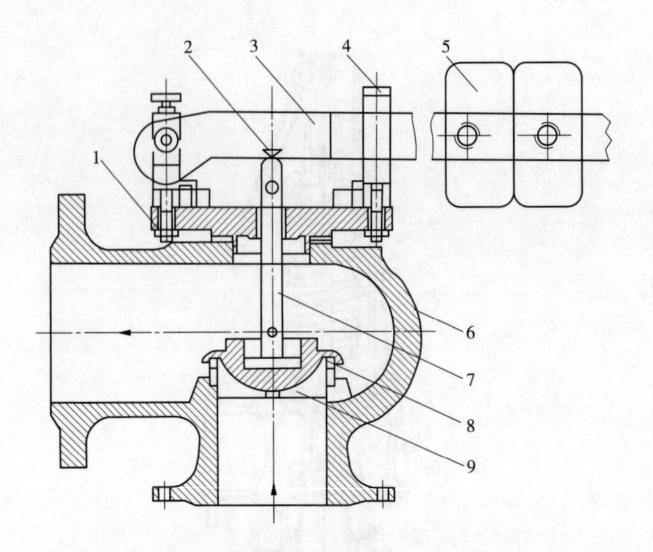

1—阀盖;2—支点;3—杠杆;4—导架;
5—重锤; 6—阀体; 7—阀杆; 8—阀座; 9—阀芯

图 4-2 杠杆式安全阀

如图 4-3 所示。

静重式安全阀是利用加在套盘上的环状铁块的重量,将阀芯压紧在阀座上,使锅炉蒸汽压力保持在允许范围之内。当阀芯底部的蒸汽托力大于环状铁块的总重量时,阀芯被顶起离开阀座,蒸汽向外排泄。当作用于阀芯底部的蒸汽托力小于环状铁块的总重量时,阀芯下压与阀座重新紧密结合,蒸汽停止排泄。为了防止因阀芯提升过快,使环状铁块飞脱,必须装设防飞螺丝。

静重式安全阀的整定压力,是通过增减环状铁块的数量(改变总重量)来调节的。增加环状铁块数量,总重量增加,整定压力被调高;反之,减少环状铁块的数量,总重量减少,整定压力被调低。

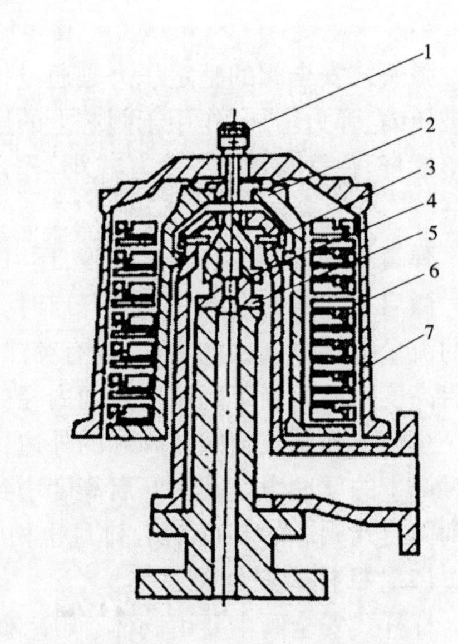

1—阀座螺丝;2—套盘;3—防飞螺丝;
4—环状铁块;5—阀座; 6—环状铁盘;7—阀罩

图 4-3 静重式安全阀

静重式安全阀结构简单、制造容易、灵敏可靠。但由于当压力较高时,所需要的静重式安全阀体积庞大而显得笨重。因此,静重式安全阀主要用于压力为 0.1 MPa 左右的低压小型锅炉。

三、安全阀的安全技术要求

(一)安全阀的选用

(1)蒸汽锅炉的安全阀应当采用全启式弹簧式安全阀、杠杆式安全阀或者控制式安全阀(脉冲式、气动式、液动式和电磁式等),选用的安全阀应当符合《安全阀安全技术监察规程》(TSG ZF001—2006)和相关技术标准的规定。

(2)额定工作压力为0.1 MPa的蒸汽锅炉可以采用静重式安全阀或者水封式安全装置,热水锅炉上装设有水封式安全装置时,可以不装设安全阀;水封式安全装置的水封管内径应当根据锅炉的额定蒸发量(额定热功率)和额定工作压力确定,并且不小于25 mm,不应当装设阀门,有防冻措施。

(二)安全阀的设置

每台锅炉至少应当装设两个安全阀(包括锅筒和过热器安全阀)。符合下列规定之一的,可以只装一个安全阀:

(1)额定蒸发量小于或等于0.5 t/h的蒸汽锅炉。

(2)额定蒸发量小于4 t/h且装有可靠的超压联锁保护装置的蒸汽锅炉。

(3)额定热功率小于或等于2.8 MW的热水锅炉。

除满足以上要求外,以下位置也应当装设安全阀:

(1)在过热器出口处,以及直流锅炉的外置式启动(汽水)分离器上。

(2)直流蒸汽锅炉过热蒸汽系统中两级间的连接管道截止阀前。

(3)多压力等级余热锅炉,每一压力等级的锅筒和过热器上。

(三)安全阀的安装

(1)安全阀应当铅直安装,并且应当安装在锅筒(锅壳)、集箱的最高位置,在安全阀和锅筒(锅壳)之间或者安全阀和集箱之间,不应当装设有取用蒸汽或者热水的管路和阀门。

(2)几个安全阀如果共同装在一个与锅筒(锅壳)直接相连的短管上,短管的流通截面面积应当不小于所有安全阀的流通截面面积之和。

(3)采用螺纹连接的弹簧安全阀时,应当符合《安全阀一般要求》(GB/T 12241)的要求;安全阀应当与带有螺纹的短管相连接,而短管与锅筒(锅壳)或者集箱筒体的连接应当采用焊接结构。

(四)安全阀上的装置

(1)静重式安全阀应当有防止重片飞脱的装置。

(2)弹簧式安全阀应当有提升手把和防止随便拧动调整螺钉的装置。

(3)杠杆式安全阀应当有防止重锤自行移动的装置和限制杠杆越出的导架。

(4)控制式安全阀应当有可靠的动力源和电源,并且应符合以下要求:

①脉冲式安全阀的冲量接入导管上的阀门保持全开并且加铅封。

②用压缩空气控制的安全阀有可靠的气源和电源。

③液压控制式安全阀有可靠的液压传送系统和电源。

④电磁控制式安全阀有可靠的电源。

(五)蒸汽锅炉安全阀排汽管

(1)排汽管应当直通安全地点,并且有足够的流通截面面积,保证排汽畅通,同时排汽管应当予以固定,不应当有任何来自排汽管的外力施加到安全阀上。

(2)安全阀排汽管底部应当装有接到安全地点的疏水管,疏水管上不应当装设阀门。

(3)两个独立的安全阀的排汽管不应当相连。

(4)安全阀排汽管上如果装有消音器,其结构应当有足够的流通截面积和可靠的疏水装置。

(5)露天布置的排汽管如果加装防护罩,防护罩的安装不应当妨碍安全阀的正常动作和维修。

(六)热水锅炉安全阀排水管

热水锅炉的安全阀应当装设排水管(如果采用杠杆式安全阀应当增加阀芯两侧的排水装置),排水管应当直通安全地点,并且有足够的排放流通截面面积,保证排放畅通。在排水管上不应当装设阀门,并且应当有防冻措施。

(七)安全阀校验

(1)在用锅炉的安全阀每年至少校验一次,校验一般在锅炉运行状态下进行;如果现场校验有困难或者对安全阀进行修理后,可以在安全阀校验台上进行。

(2)新安装的锅炉或者安全阀检修、更换后,应校验其整定压力和密封性。

(3)安全阀经过校验后,应当加锁或者铅封,校验后的安全阀在搬运或者安装过程中,不能摔、砸、碰撞。

(4)控制式安全阀应当分别进行控制回路可靠性试验和开启性能检验。

(5)安全阀整定压力、密封性等检验结果应当记入锅炉安全技术档案。

(八)锅炉运行中安全阀使用

(1)锅炉运行中安全阀应当定期进行手动排放试验,电站锅炉安全阀的试验间隔不大于一个小修间隔,对控制式安全阀,使用单位应当定期对控制系统进行试验。

(2)锅炉运行中安全阀不允许随意解列和任意提高安全阀的整定压力或者使安全阀失效。

第二节 压力表

一、压力表的作用

压力表是锅炉三大安全附件之一。它的作用是指示锅炉内蒸汽压力的高低。锅炉操作人员根据压力表的指示数值来调节燃烧,以保证用汽部门的要求和锅炉的安全运行。

二、压力表的结构与原理

锅炉上普遍使用的是弹簧管式压力表,它由表盘、弹簧弯管、连杆、扇形齿轮、小齿轮、中心轴、指针等零件组成,如图4-4所示。

弹簧弯管是用金属管制成的,管子截面呈扁平圆形。它的一端固定在支承座上,并与管接头相通;另一端是封闭的自由端,与连杆连接。连杆的另一端连接扇形齿轮,扇形齿轮又与中心轴上的小齿轮相衔接。压力表的指针,固定在中心轴上。

当被测介质的压力作用于弹簧弯管的内壁时,弹簧弯管扁平圆形截面就有膨胀成圆形的趋势,从而由固定端开始逐渐向外伸张,也就是使自由端向外移动,再经过连杆带动扇形齿轮与小齿轮转动,使指针向顺时针方向偏转一个角度。这时指针在压力表表盘上指示的刻度值,就是锅炉内压力值。锅炉压力越大,指针偏转角也越大。当压力降低时,弹簧弯管力图恢复原状,加上游丝的牵制,使指针返回到相应的位置。当压力消失后,弹簧弯管恢复到原来的形状,指针也就回到始点(零位)。

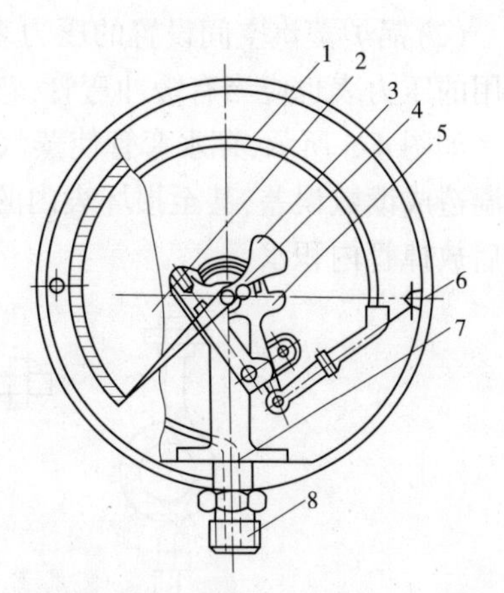

1—弹簧弯管;2—表盘;3—指针;4—中心轴;5—扇形齿轮;6—连杆;7—支承座;8—管接头

图 4-4　弹簧管式压力表

三、对压力表的安全技术要求

(一)压力表的设置

锅炉的以下部位应当装设压力表:

(1)蒸汽锅炉锅筒(锅壳)的蒸汽空间。

(2)给水调节阀前。

(3)省煤器出口。

(4)过热器出口和主汽阀之间。

(5)再热器出口、进口。

(6)直流蒸汽锅炉的启动(汽水)分离器或其出口管道上。

(7)直流蒸汽锅炉省煤器进口、储水箱和循环泵出口。

(8)直流蒸汽锅炉蒸发受热面出口截止阀前(如果装有截止阀)。

(9)热水锅炉的锅筒(锅壳)上。

(10)热水锅炉的进水阀出口和出水阀进口。

(11)热水锅炉循环水泵的出口、进口。

(12)燃油锅炉、燃煤锅炉的点火油系统的油泵进口(回油)及出口。

(13)燃气锅炉、燃煤锅炉的点火气系统的气源进口及燃气阀组稳压阀(调压阀)后。

(二)压力表的选用

选用的压力表应当符合下列规定:

(1)压力表应当符合相应技术标准的要求。

(2)压力表的精确度应当不低于 2.5 级;对于 A 级锅炉,压力表的精确度应当不低于 1.6 级。

(3)压力表的量程应当根据工作压力选用,一般为工作压力的 1.5~3.0 倍,最好选用 2 倍。

(4)压力表表盘大小应当保证锅炉操作人员能够清楚地看到压力指示值,表盘直径应当不小于 100 mm。

(三)压力表的校验

压力表安装前应当进行校验,刻度盘上应当画出指示工作压力的红线,注明下次校验日期。压力表校验后应当加铅封。

(四)压力表的安装

压力表的安装应当符合以下要求:

(1)应当装设在便于观察和吹洗的位置,并且应当防止受到高温、冰冻和震动的影响。

(2)锅炉蒸汽空间设置的压力表应当有存水弯管或者其他冷却蒸汽的措施,热水锅炉用的压力表也应当有缓冲弯管,弯管内径应当不小于10 mm。

如图4-5所示,存水弯管使蒸汽或热水在其中冷却后,再进入弹簧弯管内,避免由于高温造成读数误差,甚至损坏表内的零件。存水弯管的下部,最好装有放水旋塞,以便停炉后放掉管内积水。

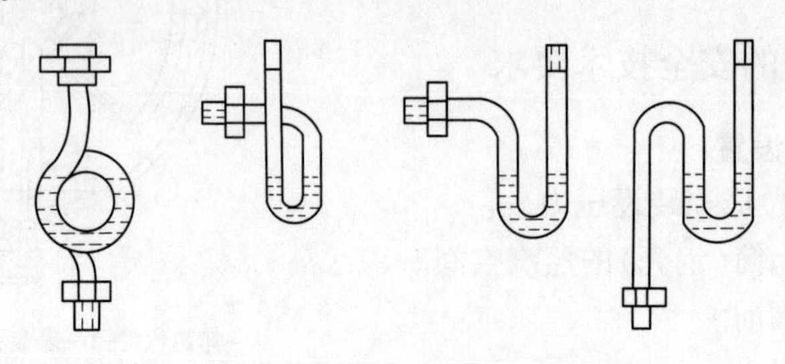

图4-5　不同形状的存水弯管

(3)压力表与弯管之间应当装设三通阀门,以便吹洗管路、卸换、校验压力表。

三通阀门在各个位置的作用如下:

①当压力表通过存水弯管直接连接锅筒时是正常工作位置。

②压力表与锅筒隔开,直通外界大气时,是检查压力表的位置,如压力表正常,指针回零。

③锅炉与压力表隔断,蒸汽直通外界时,是冲洗存水弯管的位置。

④当压力表、锅筒、外界均隔断不通时,是积存冷凝水的位置。冲洗存水弯管后,应在此位置停留一定时间(约5 min),使存水弯管中的蒸汽冷凝成水,起水封闭的作用,保护压力表,然后再把三通阀门开到正常位置。

⑤当压力表、锅筒、旁通管(先装好标准压力表)均互通时,是校验压力表的位置。此时,两块压力表指示的数值相差不得超过规定值。

(五)压力表停止使用情况

压力表有下列情况之一时,应当停止使用:

(1)有限止钉的压力表在无压力时,指针转动后不能回到限止钉处;没有限止钉的压力表在无压力时,指针离零位的数值超过压力表规定的允许误差。

(2)表盘玻璃破碎或表盘刻度模糊不清。

(3)封印损坏或者超过校验期。

(4)表内泄漏或者指针跳动。

(5)其他影响压力表准确指示的缺陷。

第三节　水位表

一、水位表的作用与原理

水位表是一种反映液位的测量仪表,是锅炉三大安全附件之一。它的作用是显示锅筒内水位的高低。锅炉上如果不安装水位表或者水位表失灵,锅炉操作人员将无法了解锅筒内水位的变化,在运行中就会发生缺水或满水事故,如果严重缺水后盲目进水,还会造成爆炸事故。

水位表的工作原理和连通器的工作原理相同,即连通器内水表面的压力相等时,水面的高度便一致。锅炉的锅筒是一个大容器,水位表是一个小容器,水位表与锅筒之间,分别由汽连管和水连管相连。当将它们连通后,两者的水位必定在同一高度上,所以水位表上显示的水位也就是锅筒内的实际水位。

二、水位表的结构

根据工作压力的不同,水位表的构造形式有很多种,常用的有玻璃管式水位表、平板式水位表和双色水位表。

(一)玻璃管式水位表

玻璃管式水位表主要由玻璃管、汽旋塞、放水旋塞等构件组成,如图 4-6 所示。

图 4-6 中三个旋塞的手柄都是向下的,表明汽旋塞和水旋塞都是通路,而放水旋塞是闭路。这是水位表正常工作时的位置,与一般使用的旋塞通路相反。如果手柄不是向下,一旦受到碰撞或震动,很容易下落,从而由于改变了旋塞通路位置而发生事故。

在锅炉运行时,必须同时打开水位表的汽旋塞和水旋塞。如果不打开汽旋塞,只打开水旋塞,锅水也会经水连管进入玻璃管内。但是,此时锅筒内的压力高于玻璃管内的压力,玻璃管内的水位必然高于锅筒内的实际水位,而形成假水位。反之,如果不打开水旋塞,只打开汽旋塞,蒸汽不断冷凝,会使玻璃管内存满水,同样也会形成假水位。所以,只有同时打开水位表的汽、水旋塞,使锅筒和玻璃管内的压力一致,才能使水位显示正确。

水位表玻璃管中心线与上下旋塞的垂直中心线应互相重合,否则玻璃管受扭力容易损坏。

水位表应有防护罩,防止玻璃管炸裂时伤人。最好用较厚的耐温钢化玻璃板将玻璃管罩住,但不应影响观察水位,不能用普通玻璃板作防护罩,否则当玻璃管损坏时会连带玻璃板破碎,反而增加危险。有的用薄铁皮制成防护罩,为了便于观察水位,在防护罩的前面开有宽度大于 12 mm、长度与玻璃管可见长度相等的缝隙,并在防护罩后面留有较宽的缝隙,以便光线射入,使锅炉操作人员清晰地看到水位。

为防止玻璃管破裂时汽水喷出伤人,最好配用带钢球的旋塞。当玻璃管破裂时,钢球借助汽水的冲力,自动关闭旋塞。

玻璃管式水位表结构简单,制造安装容易,拆换方便,但显示水位不够清晰,玻璃管容易破碎,适用于工作压力不超过 1.6 MPa 的小型锅炉,常用规格有 *Dg*15(玻璃管公称直径 15 mm)和 *Dg*20 两种。

(二)平板式水位表

平板式水位表有单面玻璃板和双面玻璃板两种。它主要由玻璃板、金属框盒、汽旋塞、水旋塞和放水旋塞等构件组成,如图 4-7 所示。

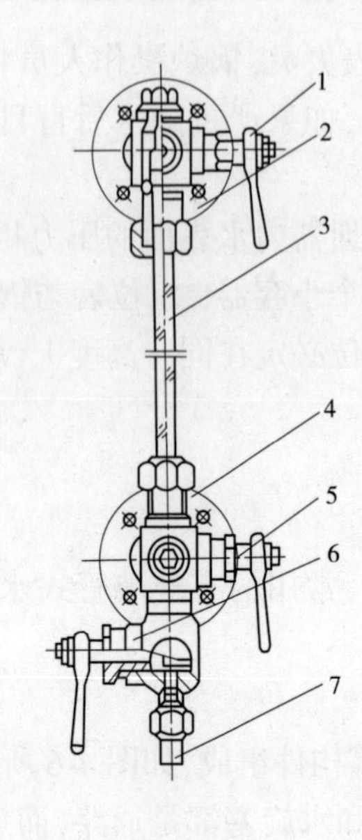

1—汽旋塞;2—接汽连管的法兰;3—玻璃管;
4—接水连管的法兰;5—水旋塞;
6—放水旋塞;7—放水管

图 4-6 玻璃管式水位表

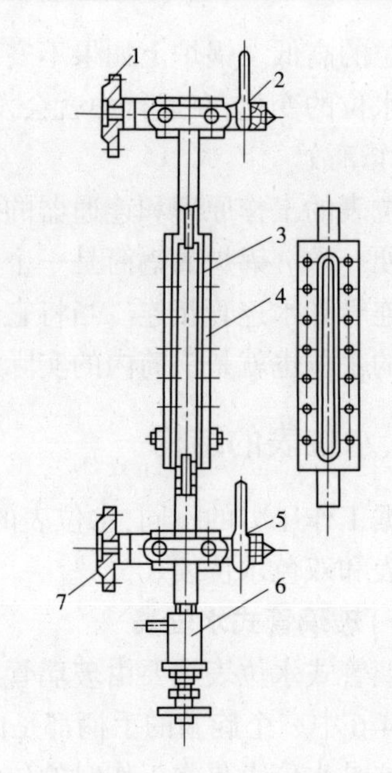

1—接汽连管的法兰;2—汽旋塞;3—玻璃板;
4—金属框盒;5—水旋塞;
6—放水阀;7—接水连管的法兰

图 4-7 平板式水位表

单面玻璃板水位表在金属框盒的前面镶有一块平板玻璃,接触面用石棉纸板作衬垫,然后用螺钉将框盖压在框盒上,使框盖、框盒、衬垫和玻璃板紧密结合。在拧紧框盒螺钉时,应用扳手使每只螺钉的压紧度尽量相同,保证不渗漏。

在玻璃板的内表面刻有三角棱形凹槽,由于光源在前面,光线通过凹槽产生折射作用,使水位表中蒸汽部分较亮,存水部分较暗,汽水分界线相当清晰。

双面玻璃板水位表在金属框盒的前后两面都镶有平板玻璃。光源一般放在后面,光线折射后使水位表中蒸汽部分较暗,而存水部分反而较亮,水位很容易辨别。

平板式水位表结构虽较复杂,但安全可靠,显示水位清晰,所以应用广泛。

玻璃板(管)水位表由于直接显示水位,因此又称为直读式水位表。锅炉上必须装有一个直读式水位表。

(三)双色水位表

双色水位表是利用光学原理设计的,通过光的反射或透射作用,使水位表中无色的水和汽分别以不同的颜色显示,汽水分界面清晰醒目,即使在远距离或夜间操作者也能准确地判断水位。特别是当锅炉出现满水或严重缺水事故时,水位表内出现全绿或全红颜色,非常醒目,有利于锅炉操作人员迅速辨别事故,正确采取措施。

双色水位表的种类很多,主要有透射式双色水位表(又称透射折射式)、透反射式双色水位表等。

三、水位表的安全技术要求

(一)水位表的设置

每台蒸汽锅炉锅筒(锅壳)至少应当装设两个彼此独立的直读式水位表,符合下列条件之一的锅炉可以只装设一个直读式水位表:

(1)额定蒸发量小于或等于 0.5 t/h 的锅炉。

(2)额定蒸发量小于或等于 2 t/h,且装有一套可靠的水位示控装置的锅炉。

(3)装设两套各自独立的远程水位测量装置的锅炉。

(4)直流蒸汽锅炉启动系统中储水箱和启动(汽水)分离器应当分别装设远程水位测量装置。

(二)水位表的结构、装置

(1)水位表应当有指示最高、最低安全水位和正常水位的明显标志,水位表的下部可见边缘应当比最高火界至少高 50 mm,并且应当比最低安全水位至少低 25 mm,水位表的上部可见边缘应当比最高安全水位至少高 25 mm。

(2)玻璃管式水位表应当有防护装置,并且不应当妨碍观察真实水位,玻璃管的内径应当不小于 8 mm。

(3)锅炉运行中能够吹洗和更换玻璃板(管)、云母片。

(4)用 2 个及 2 个以上玻璃板或者云母片组成的一组水位表,能够连续指示水位。

(5)水位表或者水表柱和锅筒(锅壳)之间阀门的流道直径应当不小于 8 mm,汽连管内径应当不小于 18 mm,连管长度大于 500 mm 或者有弯曲时,内径应当放大,以保证水位表灵敏准确。

(6)连接管应当尽可能得短,如果连接管不是水平布置,汽连管中的凝结水能够流向水位表,水连管中的水能够自行流向锅筒(锅壳)。

(7)水位表应当有放水阀门和接到安全地点的放水管。

(8)水位表或者水表柱和锅筒(锅壳)之间的汽水连管上应当装设阀门,锅炉运行时,阀门应当处于全开位置。对于额定蒸发量小于 0.5 t/h 的锅炉,水位表与锅筒(锅壳)之间的汽水连管上可以不装设阀门。

(三)水位表的安装

水位表应当安装在便于观察的地方,水位表距离操作地面高于 6 000 mm 时,应当加装远程水位测量装置或者水位视频监视系统。

第四节　温度测量仪表

一、温度仪表的作用

温度是热力系统的重要状态参数之一。在燃油燃气锅炉和锅炉房热力系统中,给水、蒸汽和烟气等介质的热力状态是否正常,风机和水泵等设备轴承的运行情况是否良好,都依靠对温度的测量来进行监视。

二、温度仪表的形式与结构

常用的温度仪表有玻璃温度计、压力式温度计、热电偶温度计等多种形式。

(一)玻璃温度计

玻璃温度计是根据水银、酒精、甲苯等工作液体具有热胀冷缩的物理性质制成的。在工业锅炉中使用最多的是水银玻璃温度计,一般有内标式和外标式(又称棒式)两种。内标式水银温度计的标尺分格刻在置于膨胀细管后面的乳白色玻璃板上。该板与温包一起封在玻璃保护外壳内,根据安装位置的需要,具有细而直或弯成90°或135°的尾部,工程用温度计的尾端长度一般是85~1 000 mm,直径是7~10 mm,装入标尺的玻璃套管的标准长度和直径分别为220 mm和18 mm。该温度计通常用于测量给水温度、回水温度、省煤器出口水温,以及空气预热器进出口空气温度。外标式水银温度计具有较粗的玻璃管,标尺分格直接刻在玻璃管的外表面上,适用于实验室中测量液体和气体的温度。

水银玻璃温度计的优点是:测量范围大(-30~500 ℃),精度较高,构造简单和价格便宜等。缺点是:易破损,示值不够明显,不能远距离观察。

玻璃温度计的安装使用要点:

(1)玻璃温度计的安装应便于观察。测量时不宜突然将其直接置于高温介质中。

(2)由于玻璃的脆性,易损坏,安装内标式玻璃温度计时,应有金属保护套。

(3)为了使传热良好,当被测介质的温度低于150 ℃时,应在金属保护套内填充机油。充油高度以盖住水银球为限。当被测介质的温度高于和等于150 ℃时,应在金属保护套内填充铜屑。

(二)压力式温度计

压力式温度计是根据温包里的气体或液体,因受热而改变压力的性质制成的。一般分为指示式与记录式两种。前者可直接从表盘上读出当时的温度数值;后者有自动记录装置,可记录出不同时间的温度数值。

压力式温度计适用于远距离测量非腐蚀性气体、蒸汽或液体的温度。被测介质压力不超过6.0 MPa,温度不超过400 ℃。在工业锅炉中常用来测量空气预热器的空气温度。它的优点是,温度指示部分可以离开测点,使用方便。缺点是,精度较低,金属软管容易损坏。

压力式温度计的安装使用要求如下:

(1)压力式温度计的表头应装在便于读数的地方,表头及金属软管的工作环境温度不宜超过60 ℃,相对湿度应为30%~80%。

(2)金属软管的敷设不得靠近热表面或温度变化大的地方,并应尽量减少弯曲。弯曲半径一般不要小于50 mm。外部应有完整的保护,以免受机械损伤。

(三)热电偶温度计

热电偶温度计是利用两种不同金属导体的接点,受热后产生热电势的原理制成的测量温度仪表。主要由热电偶、补偿导线和电气测量仪表(检流计)三部分组成。

热电偶温度计的安装使用要求如下:

(1)热电偶的安装地点应便于工作,不受碰撞、震动等影响。

(2)热电偶必须置于被测介质的中间,并应尽可能使其对着被测介质的流动方向成45°斜角,深度不小于150 mm。测量炉膛温度时,一般应垂直插入,若垂直插入有困难,也可水平安装,但插入炉膛内的长度不宜大于500 mm,否则必须加以支撑。

(3)热电偶安装后,其插入孔应用泥灰塞紧,以免外部冷空气侵入后影响测量精度。用陶瓷保护的热电偶应缓慢插入被测介质,以免因温度突变使保护管破裂。

(4)热电偶自由端温度的变化,对测量结果影响很大,必须经常校正或保护自由端温度的恒定。

三、温度仪表的安全技术要求

(一)温度仪表的设置

在锅炉相应部位应当装设温度测点,测量以下温度:

(1)蒸汽锅炉的给水温度(常温给水除外)。

(2)铸铁省煤器和电站锅炉省煤器出口水温。

(3)再热器进口、出口汽温。

(4)过热器出口和多级过热器的每级出口的汽温。

(5)减温器前、后汽温。

(6)油燃烧器的燃油(轻油除外)进口油温。

(7)空气预热器进口、出口空气温度。

(8)锅炉空气预热器进口烟温。

(9)排烟温度。

(10)A级高压及以上的蒸汽锅炉的锅筒上、下壁温(控制循环锅炉除外),过热器、再热器的蛇形管的金属壁温。

(11)有再热器的锅炉炉膛的出口烟温。

(12)热水锅炉进口、出口水温。

(13)直流蒸汽锅炉上、下炉膛水冷壁出口金属壁温,启动系统储水箱壁温。

在蒸汽锅炉过热器出口、再热器出口和额定热功率大于或等于7 MW的热水锅炉出口,应当装设可记录式的温度测量仪表。

(二)温度测量仪表量程

表盘式温度测量仪表的温度测量量程应当根据工作温度选用,一般为工作温度的1.5~2倍。

第五节　排污装置

一、排污的作用

锅炉在运行中,由于炉水不断地蒸发、浓缩,水中的含盐量不断增加。所谓排污,是连续或定期从炉内排出一部分含高浓度盐分的炉水,以达到保持炉水质量和排除锅炉底部的泥渣、水垢等杂质的目的,这是排污最主要的作用。它的第二个作用就是当锅炉满水或停炉清洗时排放余水。

二、定期排污装置

定期排污装置设在锅筒、集箱的最低处，一般由两只串联的排污阀和排污管组成。其中，靠近锅炉的一只是慢开阀，另一只是快开阀。主要是排出锅炉底部的泥渣和水垢。

常用的排污阀有旋塞式、齿条闸门式、摆动闸门式、慢开闸门式等多种形式。

三、连续排污装置

连续排污装置也叫表面排污装置，设在上锅筒蒸发面处，主要是排出高浓度的锅水，一般由截止阀、节流阀和排污管组成。在上锅筒内沿纵轴方向布置直径 75~100 mm 的排污管，其上间隔适当距离焊有多根敞口的短管，短管上端低于锅筒正常水位 30~40 mm，由上而下开成锥形口。这样，锅水中高浓度的盐类就由短管吸入，经下部排污管汇合后流出，即使水位波动也不会中断排污。排污量的大小由装在排污管上的一种能较好地调节流量大小的针形阀来控制。

为了减少排污热量损失，应尽量将排污水引到膨胀箱和热交换器中回收利用，在一些锅炉上现在已有通过锅水电导率来控制针形排污阀的电动排污装置，显然，此种排污不能用来排除泥渣。

四、排污装置的安全技术要求

(1) 蒸汽锅炉锅筒(锅壳)、立式锅炉的下脚圈和水循环系统的最低处都需要装设排污阀。B 级及以下锅炉采用快开式排污阀门。排污阀的公称通径为 20~65 mm。卧式锅炉锅壳上的排污阀的公称通径不小于 40 mm。

(2) 额定蒸发量大于 1 t/h 的蒸汽锅炉和 B 级热水锅炉，排污管上装设两个串联的阀门，其中至少有一个是排污阀，且安装在靠近排污管线出口一侧。

(3) 过热器系统、再热器系统、省煤器系统的最低集箱(或者管道)处装设放水阀。

(4) 有过热器的蒸汽锅炉锅筒装设连续排污装置。

(5) 每台锅炉装设独立的排污管，排污管尽量减少弯头，保证排污畅通并且接到安全地点或者排污膨胀箱(扩容器)。如果采用有压力的排污膨胀箱，排污膨胀箱上需要安装安全阀。

(6) 多台锅炉合用一根排放总管时，需要避免两台以上的锅炉同时排污。

(7) 锅炉的排污阀、排污管不宜采用螺纹连接。

第六节　阀门型号

阀门是安装在锅炉及其管路上，用以切断、调节介质流量或改变介质流动方向的重要附件。锅炉在运行中，操作人员通过操作各种阀门，实现对锅炉汽水系统的控制和调节。锅炉上汽水系统常用的阀门除前面已介绍过的安全阀和排污阀外，还有截止阀、闸阀、止回阀、减压阀、节流阀等。

一、阀门型号的编制

(一)阀门型号的编制方法

阀门型号由阀门类型、驱动方式、连接形式、结构形式、密封面或衬里材料类型、压力、阀体材料七部分组成,见图 4-8。

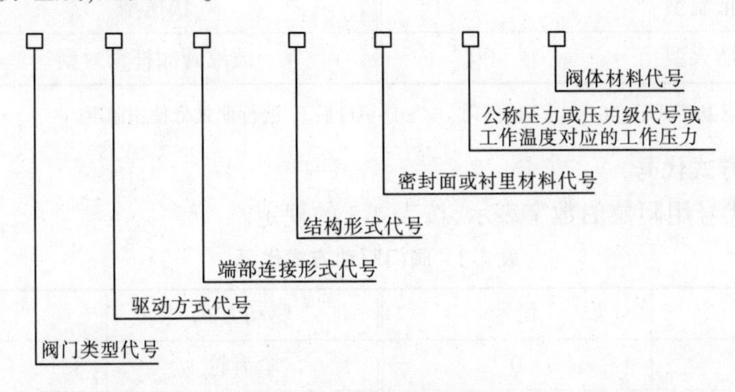

图 4-8　阀门型号

型号编制的顺序为:阀门典型类型代号、驱动操作机构形式代号、阀门端部连接形式代号、阀门的结构形式、密封面材料或衬里材料类型代号、公称压力(压力级或工作温度下的工作压力)、阀体材料类型代号。

(二)阀门类型代号

阀门类型代号用汉语拼音字母表示,按表 4-1 的规定表示。

表 4-1　阀门类型代号

阀门类型		代号	阀门类型		代号
安全阀	弹簧载荷式、先导式	A	球阀	整体球	Q
	重锤杠杆式	GA		半球	PQ
蝶阀		D	蒸汽疏水阀		S
倒流防止器		DH	堵阀(电站用)		SD
隔膜阀		G	控制阀(调节阀)		T
止回阀、底阀		H	柱塞阀		U
截止阀		J	旋塞阀		X
节流阀		L	减压阀(自力式)		Y
进排气阀	单一进排气口	P	减温减压阀(非自力式)		WY
	复合型	FFP	闸阀		Z
排污阀		PW	排渣阀		PZ

当阀门同时具有其他功能作用或带有其他结构时,在阀门类型代号前再加注一个汉

语拼音字母,典型功能代号按表 4-2 的规定。

表 4-2 同时具有其他功能作用或带有其他结构的阀门表示代号

其他功能作用或结构名称	代号	其他功能作用或结构名称	代号
保温型(夹套伴热结构)	B	缓闭型	H
低温型	D[a]	快速型	Q
防火型	F	波纹管阀杆密封型	W

注:a 指设计和使用温度低于-46 ℃以下的阀门,并在 D 字母后下注,标明最低使用温度。

(三)驱动方式代号

驱动方式代号用阿拉伯数字表示,按表 4-3 的规定。

表 4-3 阀门驱动方式代号

驱动方式	代号	驱动方式	代号
电磁动	0	伞齿轮	5
电磁—液动	1	气动	6
电—液联动	2	液动	7
蜗轮	3	气—液联动	8
正齿轮	4	电动	9

安全阀、减压阀、疏水阀无驱动方式代号,手轮和手柄直接连接阀杆操作形式的阀门,本代号省略。

对于具有常开或常闭结构的执行机构,在驱动方式代号后加注汉语拼音下标 K 或 B 表示,常开型用 6_K、7_K 表示,常闭型用 6_B、7_B 表示。

气动执行机构带手动操作的,在驱动方式代号后加注汉语拼音下标表示,如 6_s。

防爆型的执行机构,在驱动方式代号后加注汉语拼音 B 表示,如 6B、7B、9B。

对既是防爆型,又是常开或常闭结构的执行机构,在驱动方式代号后加注汉语拼音 B,再加注括号的下标 K 或 B 表示,如 $9B_{(B)}$、$6B_{(K)}$。

(四)端部连接形式代号

以阀门进口端的连接形式确定代号,代号用阿拉伯数字表示,按表 4-4 的规定。

表 4-4 阀门连接端连接形式代号

连接端形式	代号	连接端形式	代号
内螺纹	1	对夹	7
外螺纹	2	卡箍	8
法兰式	4	卡套	9
焊接式	6	—	—

各种连接形式的具体结构、采用标准和方式(如:法兰标准、连接面形式及密封方式、

焊接形式、螺纹形式等),不在连接代号后加符号表示,应在产品的图样、说明书或订货合同等文件中予以详细说明。

(五)结构形式代号

阀门结构形式用阿拉伯数字表示,按表4-5~表4-19的规定。

表4-5　闸阀结构形式代号

结构形式			代号
闸阀启闭时阀杆运动方式	闸板结构形式		
阀杆升降移动(明杆)	闸阀的两个密封面为楔式,单块闸板	具有弹性槽	0
		无弹性槽	1
	闸阀的两个密封面为楔式,双块闸板		2
	闸阀的两个密封面平行,单块闸板		3[a]
	闸阀的两个密封面平行,双块闸板		4
阀杆仅旋转,无升降移动(暗杆)	闸阀的两个密封面为楔式	单块闸板	5
		双块闸板	6
	闸阀的两个密封面平行,双块闸板		8

注:a 闸板无导流孔的,在结构形式代号后加汉语拼音小写w表示,如3w。

表4-6　截止阀和节流阀结构形式代号

结构形式		代号	结构形式		代号
直通流道	单阀瓣	1	直通流道	平衡式阀瓣	6
Z形流道		2	角式流道		7
三通流道		3	—		—
角式流道		4	—		—
Y形流道		5	—		—

表4-7　止回阀结构形式代号

结构形式		代号	结构形式		代号
升降式阀瓣	直通流道	1	旋启式阀瓣	单瓣结构	4
	立式结构	2		多瓣结构	5
	角式流道	3		双瓣结构	6
			蝶形(双瓣)结构		7

表 4-8　球阀结构形式代号

结构形式		代号	结构形式		代号
浮动球	直通流道	1	固定球	四通流道	6
	Y 形三通流道	2		直通流道	7
	L 形三通流道	4		T 形三通流道	8
	T 形三通流道	5		L 形三通流道	9
	—	—		半球直通	0

表 4-9　蝶阀结构形式代号

结构形式		代号	结构形式		代号
密封副有密封要求的	单偏心	0	密封副无密封要求的	单偏心	5
	中心对称垂直板	1		中心垂直板	6
	双偏心	2		双偏心	7
	三偏心	3		三偏心	8
	连杆机构	4		连杆机构	9

表 4-10　旋塞阀结构形式代号

结构形式		代号	结构形式		代号
填料密封型	直通流道	3	油封型	直通流道	7
	三通 T 形流道	4		三通 T 形流道	8
	四通流道	5		—	—

表 4-11　隔膜阀结构形式代号

结构形式	代号	结构形式	代号
屋脊式流道	1	直通式流道	6
直流式流道	5	Y 形角式流道	8

表 4-12　柱塞阀结构形式代号

结构形式	代号
直通流道	1
角式流道	4

表 4-13　减压阀(自力式)结构形式代号

结构形式	代号	结构形式	代号
薄膜式	1	波纹管式	4
弹簧薄膜式	2	杠杆式	5
活塞式	3	—	—

表 4-14　控制阀(调节阀)结构形式代号

结构形式		代号	结构形式		代号
直行程、单级	套筒式	7	直行程、两级或多级	套筒式	8
	套筒柱塞式	5		柱塞式	1
	针形式	2		套筒柱塞式	9
	柱塞式	4	角行程,套筒式		0
	滑板式	6	—		—

表 4-15　减温减压阀(非自力式)结构形式代号

结构形式		代号	结构形式		代号
单座	柱塞式	1	双座或多级	套筒式	4
	套筒柱塞式	2		柱塞式	5
	套筒式	3		套筒柱塞式	6

表 4-16　堵阀结构形式代号

结构形式	代号
闸板式	1
止回式	2

表 4-17　蒸汽疏水阀结构形式代号

结构形式	代号	结构形式	代号
自由浮球式	1	蒸汽压力式或膜盒式	6
杠杆浮球式	2	双金属片式	7
倒置桶式	3	脉冲式	8
液体或固体膨胀式	4	圆盘热动力式	9
钟形浮子式	5	—	—

表 4-18　排污阀结构形式代号

结构形式		代号	结构形式		代号
液面连接排放	截止型直通式	1	液底间断排放	截止型直流式	5
	截止型角式	2		截止型直通式	6
	—	—		截止型角式	7
	—	—		浮动闸板型直通式	8

表 4-19　安全阀结构形式代号

结构形式		代号	结构形式		代号
弹簧载荷弹簧封闭结构	带散热片全启式	0	弹簧载荷弹簧不封闭且带扳手结构	微启式、双联阀	3
	微启式	1		微启式	7
	全启式	2		全启式	8
	带扳手全启式	4		—	—
杠杆式	单杠杆	2	带控制机构全启式(先导式)		6
	双杠杆	4	脉冲式(全冲量)		9

(六)密封面或衬里材料代号

以两个密封面中起密封作用的密封面材料或衬里材料硬度值较低的材料或耐腐蚀性能较低的材料表示;金属密封面中镶嵌非金属材料的,则表示为非金属/金属。材料代号按表 4-20 规定的字母表示。

表 4-20　密封面或衬里材料代号

密封面或衬里材料	代号	密封面或衬里材料	代号
锡基轴承合金(巴氏合金)	B	尼龙塑料	N
搪瓷	C	渗硼钢	P
渗氮钢	D	衬铅	Q
氟塑料	F	塑料	S
陶瓷	G	铜合金	T
铁基不锈钢	H	橡胶	X
衬胶	J	硬质合金	Y
蒙乃尔合金	M	铁基合金密封面中镶嵌橡胶材料	X/H

阀门密封面材料均为阀门的本体材料时,密封面材料代号用“W”表示。

(七)压力代号

压力级代号采用 PN 后的数字,并应符合 GB/T 1048 的规定。

当阀门工作介质温度超过 425 ℃,采用最高工作温度和对应工作压力的形式标注时,表示顺序依次为字母 P,下标标注工作温度(数值为最高工作温度的 1/10),后标工作压力(MPa)的 10 倍,如 $P_{54}100$。

阀门采用压力等级的,在型号编制时,采用字母 Class 或 CL(大写),后标注压力级数字,如 Class150 或 CL150。

(八)阀体材料代号

阀体材料代号一般按表 4-21 的规定。当阀体材料标注具体牌号时,可以写明牌号,如 A105、CF8、316L、ZG20CrMoV 等。

表 4-21　阀体材料代号

阀体材料	代号	阀体材料	代号
碳钢	C	铬镍钼系不锈钢	R
Cr_{13} 系不锈钢	H	塑料	S
铬钼系钢(高温钢)	I	铜及铜合金	T
可锻铸铁	K	钛及钛合金	T_i
铝合金	L	铬钼钒钢(高温钢)	V
铬镍系不锈钢	P	灰铸铁	Z
球墨铸铁	Q	镍基合金	N

二、阀门型号编制示例

(1)阀门采用电动装置操作,法兰连接端,明杆楔式双闸板结构,阀座密封面材料是阀体本体材料,公称压力 PN10(1.0 MPa),阀体材料为灰铸铁的闸阀,型号表示为:Z942W-10。

(2)阀门为手动操作,外螺纹连接端,浮动球直通式结构,阀座密封面材料为氟塑料,压力级为 Class300,阀体材料为 1Cr18Ni9Ti 的球阀,型号表示为:Q21F-Class300P 或 Q21F-CL300P。

(3)阀门采用气动装置操作、常开型,法兰连接端、屋脊式结构、阀体衬胶、公称压力 PN6、阀体材料为灰铸铁的隔膜阀,型号表示为:$G6_k41J-6$。

(4)阀门采用液动装置操作、法兰连接端,垂直板式结构,阀座密封面材料为铸铜,阀瓣密封面材料为橡胶,公称压力 PN2.5、阀体材料为灰铸铁的蝶阀,型号表示为:D741X-2.5。

(5)阀门采用电动装置操作,焊接连接端,直通式结构,阀座密封面材料为堆焊硬质合金,工作温度 540 ℃时,工作压力 17.0 MPa、阀体材料铬钼钒钢的截止阀,型号表示为:J961Y-P_{54}170V。

(6)阀门采用电动装置操作,法兰连接端,固定球直通式结构,阀座密封面材料为 PTFE,压力级为 Class600,最低使用温度-101 ℃,阀体材料为 F316 的球阀,型号表示为:D_{-101}Q941F-Class600F316 或 D_{-101}Q941F-CL600F316。

第七节　防爆门

燃油燃气锅炉在点火或运行中,因操作不当,如点火前未进行炉膛吹扫、点火不着未彻底吹扫炉膛、喷嘴有泄漏等毛病,或燃料不完全燃烧,熄火时未能迅速地切断燃料,都可能引起炉膛和尾部烟道爆炸,或者引起二次燃烧,损坏炉墙、烟道、受热面部件等。燃油燃气锅炉上安装防爆门的作用是在炉膛或烟道发生轻度爆炸时,能自行泄压避免事故的扩大,从而保护锅炉尤其是炉墙的安全。因此,防爆门是燃油燃气锅炉必不可少的安全装置。

一、防爆门的作用和原理

当炉膛或烟道发生爆炸时,防爆门能自动开启泄压,避免造成炉墙开裂、倒塌事故。

防爆门主要是利用自身的重量或强度,当它大于或和炉膛在正常压力时作用在其上的总压力相平衡时,防爆门处于关闭状态。当炉膛压力发生变化,使作用在防爆门上的总压力超过防爆门本身的重量或强度时,防爆门就会被冲开或冲破,炉膛内就会有一部分烟气泄出,从而达到泄压目的。

二、防爆门的结构

锅炉防爆门有翻板式(也称为旋启式)和爆破膜式两种。

(一)翻板式防爆门

翻板式防爆门又称旋启式防爆门,多装置于燃烧室的炉墙上。按其安装位置分为倾斜式和垂直式两种,均由门框、门盖和铰链等构件组成。门盖和门框多用铸铁制成圆形或方形,其相互接触面宽度一般为3~5 mm,并应保证严密。门盖内面涂有耐热混凝土,其厚度需要根据限制压力数值,经过计算或试验来确定。当炉膛或烟道内发生气体爆炸时,门盖即自动绕轴开启泄压,然后又自行关闭。防爆门的密封压力由门盖倾斜角度(一般不超过30°)产生的向下压力或由重锤的重量获得。

(二)爆破膜式防爆门

爆破膜式防爆门多装置于烟道上,由爆破膜和夹紧装置组成。爆破膜一般由石棉、铝和不锈钢等金属薄板制成。

当炉膛或烟道内发生爆炸时,产生的气体冲击波压力使爆破膜破坏,起到泄压作用。爆破膜式防爆门一旦作用以后,就不会自行复位,而必须打开夹紧装置重新放置爆破膜。

三、防爆门的要求

(1)防爆门一般布置在燃烧室、炉膛出口烟道、省煤器烟道、引风机前的烟道、引风机后部的水平烟道或倾斜角度小于30°的烟道上。

(2)防爆门应装在不致威胁操作人员安全的地方,并设有泄压导向管,其附近不得存放易燃易爆物品。

(3)活动防爆门需定期进行手动试验,以防锈死。

第五章　锅炉辅助设备

第一节　给水设备

一、给水设备

(一)给水设备的作用

给水设备是锅炉房的关键设备,只要锅炉运行,给水设备必须配套同步运行,即要求给水设备连续或间断地向锅炉给水,保证锅炉在正常水位范围内安全运行。

给水设备的容量必须大于锅炉的蒸发量,给水压力必须高于锅炉的工作压力。

(二)给水设备的分类

给水设备主要可分为汽动给水设备和电动给水设备两大类。汽动给水设备主要指注水器和蒸汽往复泵,一般在锅炉上充当备用给水设备。常用的电动给水设备是电动离心泵和旋涡泵。燃油燃气锅炉的运行特点,一般都要求对给水设备进行自动控制——水位下降到一定位置能自动开泵向锅炉进水,进水到一定位置又能自动停泵。所以,燃油燃气锅炉上一般都配用电动离心泵或旋涡泵,而不配用汽动给水设备。

(三)给水设备的配置和使用要求

(1)锅炉的给水系统,应保证安全、可靠地供水。

(2)锅炉房应有备用给水设备。给水系统的布置和备用给水设备的台数和容量,应满足以下要求:

①锅炉房至少应有两台独立工作的给水泵(其中一台备用)。

②两台给水泵的容量,应不小于全部运行的锅炉额定蒸发量之和的120%。

③锅炉房内装置三台以上的给水泵时,其给水总容量应当为:当容量最大的一台给水泵停用时,其余能并列运行的给水泵的总容量不小于所有运行的锅炉额定蒸发量之和的120%。

(3)给水泵的扬程(即克服相应高度水柱静压所需的动压力)应大于或等于下列各项的代数和:

①给水系统的水位差(水柱静压)和给水系统的压降。

②锅炉在设计使用压力下安全阀的整定压力。

③省煤器系统到锅筒的压力降。

④把上述三项的代数和乘以0.05~0.1作为适当的富余量。

二、给水泵的基本参数

(一)流量

流量是指泵在单位时间内输送液体的体积或质量,体积流量以符号 Q 表示,单位为 m^3/h;质量流量以符号 G 表示,单位为 t/h。

(二)扬程

扬程是单位质量流体通过泵所获得的总能量,即泵在理论上所能提升的流体高度。

一般所说的“扬程”是指它的全扬程。所谓全扬程,是吸上扬程(泵能将液体吸上的高度)与压出扬程(泵能将液体压出的高度)之和。扬程的大小和泵的叶轮直径、转速及级数有关,直径越大,转速越高,级数越多,扬程就越大。

(三)转速

转速是指泵的叶轮每分钟旋转的转数,用符号 n 表示,单位是 r/min。

给水泵的流量、压力、功率都将随着转速变化而变化,其变化规律是:流量与转速成正比;压力与转速的平方成正比;功率与转速的三次方成正比。

(四)效率

效率是衡量泵性能好坏的一项重要的技术经济指标。泵在工作时会有一部分能量损失,这些损失是机械损失、水力损失、流量损失等。

三、电动离心泵

在燃油燃气锅炉的给水设备中,采用最多的是电动离心泵,它是利用电力驱动叶片旋转而产生离心作用的给水泵。离心泵按其叶轮的数量分为单级泵和多级泵,在布置上,有卧式和立式两种。

电动离心泵的型号如:DG6-25×7,这种型号表示用于锅炉(G)的单吸多级分段式电动(D)离心给水泵,6 表示设计点流量,单位为 m^3/h,单级扬程为 25 m,共有 7 个叶轮。

(一)电动离心泵的结构与原理

电动离心泵的外形像蜗牛,主要由叶片、叶轮、外壳和吸水管等构件组成,如图 5-1 所示。电动离心泵在启动之前,必须往吸水管和泵内充满水,否则叶轮空转,不能自行吸水。当叶轮以 1 500~3 000 r/min 的高速旋转时,在离心力的作用下,水从叶轮中心甩向壳壁,使水泵内产生真空,水源水便在大气压力的作用下经吸水管进入泵内。被叶轮甩出的水具有一定的压力,从而顶开给水止回阀进入锅炉。水泵的叶轮直径越大,出水压力也越大。只有一个叶轮的水泵称为单级离心泵,一般可产生 0.5~0.8 MPa 的压力,如果需要更高的出水压力,可在泵主轴上顺序装置数个叶轮,并用隔板将它们彼此隔开,再用连接管把各组泵体依次串接起来,成为多级离心泵,使出水压力逐级递增。

电动离心泵具有结构简单、重量较轻、体积小、运行稳定、供水均匀、操作管理简便等优点。

(二)电动离心泵上应配备的附件

(1)在通到锅炉的给水管上应有截止阀和止回阀。

(2)在水泵出口处应有压力表。

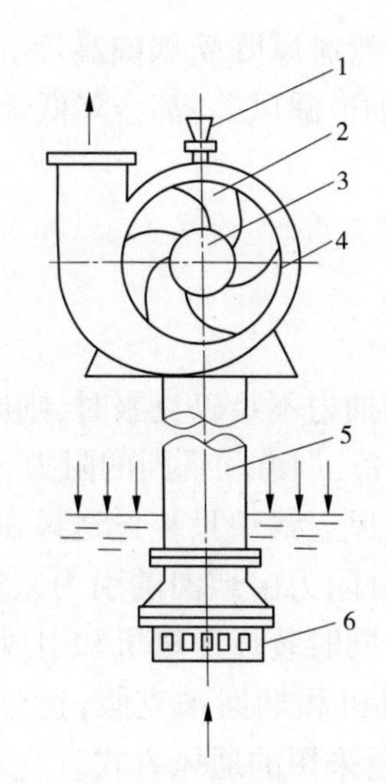

1—漏斗;2—叶片;3—叶轮;4—外壳; 5—吸水管; 6—滤阀

图 5-1　电动离心泵

(3)在水泵外壳上应有空气阀。

(4)应有向泵壳内灌水的漏斗或水管。

(5)若水泵用于抽水,应有测量吸水管负压的真空计。

(6)在吸水管末端应有吸水阀和过滤网。

第二节　通风设备

锅炉通风的任务,是向炉膛内连续不断地供应足够的空气,同时连续不断地将燃烧所产生的烟气排出炉外,以保证燃料在炉内稳定燃烧,使锅炉受热面有良好的传热效果。

按照气体流动方向区分,锅炉通风有送风和引风两种。送风又称鼓风,是指向炉内供应空气。引风又称吸风,是指把烟气排出炉外。

按照气体流动动力区分,锅炉通风有自然通风和机械通风两种。自然通风主要是利用烟囱的抽力来实现的。机械通风又称强制通风,是利用风机的力量来实现的。

一、烟囱

烟囱的作用:一是产生引力(又称“抽力”),以克服烟气流程的阻力,使锅炉正常运行;二是将烟气和飞灰排到室外高空扩散,以减轻对周围环境的集中污染。

烟囱引力的产生,是由于在烟囱内部流动的烟气温度高,在烟囱外部流动的空气温度低,因而造成两者的密度不同,也就形成了压力差,使两部分气体不断地流动,即烟囱内的热烟气由于密度小不断上升,并使炉膛内产生一定的负压,炉膛外的冷空气在大气压力的作用下不断进入炉膛,这就形成了自然通风。

烟囱抽力的大小取决于烟囱的高度,以及烟气与空气的温度差(温度差产生密度差)。当排烟温度在 150 ℃左右时,每米烟囱高度可产生 3 Pa 的抽力。当排烟温度升至

400 ℃时,抽力可增加至 7 Pa。自然通风既受烟囱高度和阻力的限制,又受气候的影响。例如空气潮湿、气压低、气温高和烟道漏风等,都会降低烟囱的抽力。因此,自然通风仅适用于小型锅炉。

二、风机

(一)风机的通风方式

当锅炉通风阻力较大,烟囱的抽力不足以克服时,则应装设风机来加强锅炉通风。锅炉只装设引风机时,风道、燃烧设备、烟道和烟囱的阻力,全部由引风机来克服,整个通风系统处于负压状态,故称为负压通风。锅炉只装设送风机时,风道、燃烧设备和烟道的阻力,基本上由送风机来克服,一部分阻力由烟囱的引力来克服,整个通风系统基本上处于正压状态,故称为正压通风。锅炉同时装设送风机和引风机时,风道和燃烧设备的阻力由送风机来克服,烟道的阻力由引风机和烟囱来克服,整个通风系统处于平衡或微负压状态,故称为平衡通风,是锅炉房广泛采用的通风方式。

(二)风机的结构与原理

在锅炉运行中最常用的是离心式送风机和离心式引风机,它们的结构基本相同,主要由叶片、叶轮、转轴和壳体等构件组成。风机壳体的外形,具有沿半径方向由小渐大的蜗壳形特点,使壳体的气流通道也由小渐大,空气的流速则由快变慢,而压力由低变高,致使风机出口处的风压达到最高值。

当电动机带动风机叶轮旋转时,叶轮间的空气随之旋转流动,并且受离心力的作用被甩向壳壁,然后由风机出口排出。此时,在叶轮中心的空间形成了负压,使风机入口处的空气在大气压力的作用下自动进入风机。风机叶轮的连续旋转,就使吸风与排风的过程连续不断地进行,从而达到了向锅炉通风的目的。

送风机输送的是洁净冷空气,即使在热风再循环系统中,送风温度也很少超过 100 ℃。引风机输送的一般是 200 ℃以上的高温烟气,在烟气中还含有飞灰和二氧化硫等腐蚀性气体。由于引风机的工作条件比送风机差很多,因此对其材质和结构的要求比较严格。例如,引风机的叶片和壳体要适当加厚,或者采取防腐蚀与防磨损的措施,轴承要有冷却措施等。

风机出口处与入口处风压的差值,称为风机压头,简称风压,单位是 MPa(兆帕)或 mmH_2O(毫米水柱)。风机在单位时间内能够输送空气或烟气的体积,称为风机风量或流量,单位是 m^3/h(米^3/时)。

风机风量的大小,可以通过改变闸板或挡板的开度、改变叶轮的转数、改变导向器叶片的开度等方法来调节,其中以调节导向器较为经济,当两台风机并联运行时,每台风机出口处都应装设闸板,以便在检修其中任一台时将其闸板关闭,而不致影响锅炉正常运行。

(三)常用风机的型号

目前,常用的离心式送风机型号为 G4-73-11 型,离心式引风机型号为 Y4-73-11 型,均由优质碳素钢制成。在风机入口前装有轴向导流器,以调节风机风量。在轴承箱上装有温度计和油位指示器,以检查温度和油量。在引风机的轴承箱内还装有冷却水管,以冷却润滑油。风机的风量为 17 000～68 000 m^3/h，全风压为 590～7 000 Pa。G4-73-11 型输送空气的最高温度为 80 ℃，Y4-73-11 型输送烟气的最高温度为 250 ℃。适用于蒸发量 2 t/h 以上的锅炉，具有效率高、噪声低、强度好和运转平稳等优点。

此外，常用的离心式引风机还有 Y4-70 型，适用于蒸发量 1.5～4 t/h 的小型锅炉。

(四)对风机的选择要求

(1)锅炉的送风机、引风机宜单独配置，以减少漏风量，节约用电和便于操作。当集中配置时，为防止漏风量过大，每台锅炉与总风道、总烟道的连接处，应设置严密的闸门。

(2)风机的风量和风压，应按锅炉的额定蒸发量、燃料品种、燃烧方式和通风系统的阻力经计算确定，并应计入当地气压和空气、烟气温度对风机特性的校正。

(3)单炉配置风机时，风量的富余量一般为 10%，风压的富余量一般为 20%。集中配置风机时，送、引风机应各设两台，并应使风机符合并联运行的要求，其风量和风压的富余量应较单炉配置时适当加大。

(4)尽量选用效率高的风机，以降低电动机功率、缩小风机外形尺寸，同时应使风机在常年运行中，处于最高的效率范围，以降低电耗，节约能源。

(5)引风机技术条件规定的烟气温度范围，必须与锅炉的排烟温度相适应。在锅炉升火时，烟气温度较低，引风机的电动机有可能超载运行，应当勤检查，以防电动机烧坏。

(6)为保持风机安全可靠运行，应在引风机前装设除尘器。

第三节　联锁保护装置

由于燃油燃气锅炉的燃料和燃烧特点等原因，通常对这类锅炉设计了较多的联锁保护功能，如低水位蒸汽超压、熄火低油温等联锁保护功能，以便在出现不正常运行工况时，能自动停止运行并发出声光报警信号，以确保锅炉安全。

一、低水位联锁保护

当燃油燃气锅炉运行时，水位控制装置首先对高低水位(±50 mm)限值进行控制，即水位低于下限值时自动开泵进水，上水到上限值时自动停泵。当水位控制器装置失灵或其他原因，造成水位过低达到低水位联锁保护水位(约-75 mm)时，则低水位联锁保护装置动作，停止燃烧，进行低水位联锁保护，低水位故障排除后，必须人工启动复位按钮，才能重新投入运行。由于燃油燃气锅炉上火快，在负荷变化大时，水位变化也很快，因此要求水位控制保护装置的灵敏度要高，工作要可靠，同时水位控制范围要选择合适。

燃油燃气锅炉常用的水位控制和保护装置有以下几种：

(1)磁钢式水位控制保护装置(限用于工作压力≤1.0 MPa 的锅炉)。

(2)电感式水位控制保护装置。

(3)电极式水位控制保护装置。

(4)波纹管式水位控制保护装置。

二、蒸汽超压联锁保护

蒸汽超压联锁保护的控制方法可分为两类:一是超压时锅炉停炉,压力恢复正常后又自动点火重新运行;二是和低水位保护相同,即超压停炉后压力恢复正常也不能自动点火重新运行。

这两种方法比较,前者有压力控制和保护两种作用,后者只有压力保护一种作用;前者由于有压力控制作用,易频繁动作,其可靠性不如后者,但后者只有压力保护作用,其压力控制必须采取其他方法。因此,两种方法同时采用,则可以达到较好的效果。

常用压力控制及联锁保护装置有电接点压力表、压力控制器等。

三、熄火联锁保护

燃油燃气锅炉若在炉膛熄火后,继续供油或供气,就可能发生炉膛爆炸事故。因此,燃油燃气锅炉必须装设火焰监测装置,以随时监测炉膛内的燃烧情况(包括点火情况)。当点火失败或燃烧中途熄灭时,一般在 5 s 内(点火时)或 10 s 内(运行时)关闭油、气电磁阀,并发出声光报警信号。这时鼓风机继续运转吹扫炉膛内残余的可燃气体,经过 20~30 s 的吹扫后,自动切断鼓风机及各种辅机电源,锅炉即停止运行。

火焰监测装置是利用光敏元件作传感器安装在炉前的看火孔里,把火焰的燃烧情况转化为电信号,通过放大器推动继电器工作,再由继电器输出开关触点信号,实现联锁保护功能。

四、低油温联锁保护

低油温联锁保护是燃油锅炉特有的保护。因为油温与黏度的关系,油温过低,黏度增大,就会影响雾化。由于雾化不良,主火炬不易点着,以致多次点火后炉腔剩下大量余油,便增加了冷爆的可能性。同时雾化不好,还会形成不正常燃烧,烟囱冒黑烟和引起炉膛内大量积焦,甚至会使锅炉突然熄火。因此,在油温过低时,油温控制开关动作,使正在运行的锅炉进入暂停状态,当油温恢复后才可能继续工作。

当使用重油做燃料时,油温控制在 120 ℃左右,将调节器的下限温度整定为 75 ℃,即低油温联锁保护点。当油温降到 75 ℃时,调节器的控制开关触点断开,切断控制回路停止喷油燃烧,从而实现低油温联锁保护。

五、其他保护

(一)电动机过载短路保护

在设计燃油燃气锅炉电器时,一般都设有电流过载保护装置和短路保护装置。当风机、水泵等电动机发生过载电流或短路时,除电动机停止运转外,锅炉也自动停止运行。

(二)停电自锁保护

在电源突然中断的情况下,运行锅炉能立即停炉并自锁。若电源恢复通电,锅炉也不能自动点火,即使按动按钮也不能启动,必须复位解除自锁,才能重新点火启动。

(三)最低送风量保护

在燃油燃气锅炉上设置送风量最低流量保护,是为了保证锅炉点火和正常运行时有一定量的空气流过。若小于整定值,则停炉或无法启动,避免因无空气流过而引起的燃烧不正常或炉膛爆炸。

六、联锁保护装置的安全技术要求

(1)蒸汽锅炉应当装设高、低水位报警(高、低水位报警信号应当能够区分)和低水位联锁保护装置,保护装置最迟应当在最低安全水位时动作。

(2)额定蒸发量大于或等于6 t/h的锅炉,应当装设蒸汽超压报警和联锁保护装置,超压联锁保护装置动作整定值应当低于安全阀较低整定压力值。

(3)锅炉的过热器和再热器,应当根据机组运行方式、自控条件和过热器、再热器设计结构,采取相应的保护措施,防止金属壁超温;再热蒸汽系统应当设置事故喷水装置,并且能自动投入使用。

(4)安置在多层或者高层建筑物内的锅炉,每台锅炉应当配备超压(温)联锁保护装置和低水位联锁保护装置。

(5)室燃锅炉应当装设具有以下功能的联锁装置:

①全部引风机跳闸时,自动切断全部送风和燃料供应。

②全部送风机跳闸时,自动切断全部燃料供应。

③直吹式制粉系统,一次风机全部跳闸时,自动切断全部燃料供应。

④燃油及其雾化工质的压力、燃气压力低于规定值时,自动切断燃油或燃气供应。

⑤热水锅炉压力降低到会发生汽化或者水温升高超过了规定值时,自动切断燃料供应。

⑥热水锅炉循环水泵突然停止运转,备用泵无法正常启动时,自动切断燃料供应。

⑦锅炉运行中联锁保护装置不应当随意退出运行,联锁保护装置的备用电源或者气源应当可靠,不应当随意退出备用,并且定期进行备用电源或者气源自投试验。

第六章 锅炉水处理

由于燃油燃气的燃烧温度高,锅炉(尤其是进口锅炉)体积小,结构紧凑,对水质的要求较高,如果水质不好,易造成锅炉结垢、腐蚀,严重时还将造成锅炉损坏。

第一节 锅炉用水基本知识

一、天然水中的杂质

天然水中含有的杂质有的不溶解于水中,如泥土、沙粒和动植物遗体等;有的溶解于水中,如矿物质盐类、气体等。按其颗粒大小不同,可以分为悬浮物、胶体物和溶解物三大类。

(一)悬浮物

悬浮物颗粒尺寸较大,是使水产生混浊的主要原因。它在水中的状态受颗粒本身质量影响较大。在流动水中,由于水的紊流作用,常呈悬浮态。在静水中,密度较大的颗粒在重力的作用下容易自然下沉,密度较小的颗粒,可上浮水面。易于下沉的悬浮物主要是颗粒较大的黏土、细砂及矿物废渣等杂质,能够上浮的一般是体积较大、密度小于水的有机悬浮物。

(二)胶体物

天然水中的胶体是一些低分子物质的集合体。它具有较小的粒径和较大的表面积,在胶体的表面通常都带有电荷,并且大部分带有负电荷,因此它们之间不能相互聚合下沉,在水中稳定地存在。

天然水中的胶体成分比较复杂,其中主要是由铁、铝和硅的化合物形成的无机矿物胶体;其次是水生动植物胶体腐烂和分解而形成的有机胶体,它是使水体产生色、臭、味的主要原因之一。此外,水中溶解的某些高分子物质(如腐殖质)和生长的微生物(如病毒和细菌)也属于胶体范围。

(三)溶解物

天然水中溶解的主要杂质有钙离子 Ca^{2+}、镁离子 Mg^{2+}、钠离子 Na^{+}三种阳离子和重碳酸根 HCO_3^-、硫酸根 SO_4^{2-}、氯根 Cl^-三种阴离子。钾的性质与钠很相像,一般包括在钠的含量里面,另外还有含量少的亚铁离子 Fe^{2+}和硅酸根 SiO_3^{2-}、二氧化碳 CO_2 和氧气 O_2 等。

二、水中杂质对锅炉的危害

(一)使锅炉受热面结垢

含有钙盐、镁盐的水,在工业上称为硬水,就是由于这种硬水在加热过程中,杂质在它所接触的受热面上析出,成为与金属壁紧密结合的附着物,它们就是通常所说的水垢。

1. 水垢产生的原因

1) 受热分解

含有暂时硬度的水进入锅炉后,在加热过程中,一些钙盐、镁盐类受热分解,从溶于水中的物质变成难溶于水的物质,附着于锅炉金属表面上结为水垢。

2) 某些盐类超过了其溶解度

由于锅水的不断蒸发和浓缩,水中的溶解盐类含量不断增加,当某些盐类达到过饱和时,盐类在蒸发面上析出固相,结生水垢。

3) 溶解度下降

随着锅水温度的升高,锅水中某些盐类溶解度下降,如 $CaSO_4$ 在 0 ℃时的溶解度为 0.756 g,在 100 ℃时却降为 0.162 g 等。

4) 相互反应

给水中原溶解度较大的盐类和锅水中其他盐类、碱反应后,生成难溶于水的化合物,从而结生水垢。

5) 水渣转化

当锅内水渣过多,而且又具有黏性时,如 $Mg(OH)_2$ 和 $Mg_3(PO_4)_2$ 等,如果排污不及时,很容易由泥渣转为水垢。

2. 水垢的危害

1) 浪费燃料,降低锅炉热效率

水垢的导热性能很差,它只是钢铁导热能力的 1/10~1/100。管壁沉积了水垢,就等于管子里面附上一层隔热材料一样,严重影响热的传导,大量热未被吸收,从烟道中随烟气排出散失。

2) 易引起事故,影响安全运行

由于水垢导热性能差,要达到与无水垢时相同的锅水温度,受热面管壁温度必然要提高。管壁温度增加,又会使金属的强度显著下降,在温度和压力作用下,会造成鼓包,甚至爆管等事故。

3) 堵塞管道,破坏水循环

如果水管内结垢,就会减小流通截面面积,增大水的流动阻力,破坏正常的水循环,严重时还会完全堵塞管道,或造成爆管事故。

4) 引起垢下腐蚀,缩短锅炉寿命

锅炉结垢后还会引起垢下腐蚀等危害。有些结构紧凑或结构复杂的锅炉,一旦受热面结垢,就极难清除,严重时只好采用挖补、割换管子等修理措施,不但费用大,而且还会使受热面受到严重损伤。所有上述这些危害都将大大缩短锅炉的使用寿命。

另外,锅炉结垢后,将增加清洗和维修的时间、费用及工作量等,影响生产,减小锅炉的有效利用率,降低经济性。

(二) 造成锅炉金属的腐蚀

水中杂质的存在会引起锅炉的汽水系统金属的腐蚀,特别是氧腐蚀,还有苛性脆化和沉积物下的腐蚀等。锅炉腐蚀往往是大面积的,有时会造成管壁穿孔。

(三)恶化蒸汽品质

水中常含有悬浮物、有机物、盐类等杂质,使锅炉水面上产生一层持久不散的泡沫,造成汽水共腾,使蒸汽品质变坏,不良品质的蒸汽还会使出汽阀门动作不灵,严重时可使整个阀门堵塞。

三、锅炉用水分类

锅炉用水一般可分以下几种。

(一)原水

原水是锅炉补给水的水源水。

(二)给水

给水是直接进入锅炉的水,通常由补给水、回水和疏水等组成。

(三)补给水

补给水是用来补充锅炉及供热系统汽水损耗的水。

(四)蒸汽锅炉回水

蒸汽锅炉回水是蒸汽锅炉产生的蒸汽做功或热交换后冷凝后返回到锅炉给水中的水。

(五)软化水

软化水是除掉全部或大部分钙、镁离子后的水。

(六)锅水

锅水是锅炉运行时,存在于锅炉中并吸收热量产生蒸汽或热水的水。

(七)排污水

为了除去锅水中的杂质(过量的盐分、碱度等)和悬浮性水渣,以保证锅炉水质符合《工业锅炉水质》(GB/T 1576—2018)标准的要求,就必须从锅炉的一定部位排放掉部分锅水,这部分水称为排污水。

(八)冷却水

锅炉运行中用于冷却锅炉某一附属设备(锅水或蒸汽取样器等)的水,称为冷却水,冷却水往往是原水。

(九)除盐水

除盐水是利用各种水处理工艺,除去悬浮物、胶体和阴离子、阳离子等水中杂质后,所得到的成品水。

第二节　工业锅炉水质标准

一、工业锅炉用水评价指标

锅炉用水评价指标一般分为浊度(FTU)、含盐量、溶解固形物(RG)、电导率(DD)、硬度(YD)、碱度(JD)、pH 值(pH)、氯离子(Cl^-)、溶解氧(O_2)和相对碱度等 10 项指标。

(一)浊度(FTU)

浊度(FTU),即水的混浊程度,由水中含有微量不溶性悬浮物质、胶体物质所致,其单位为 mg/L。

（二）含盐量

含盐量是表示水中溶解盐类的总和，其单位为 mg/L。常用溶解固形物（或蒸发残渣）近似的表示。

（三）溶解固形物（RG）

溶解固形物是水经过过滤后，那些仍溶于水中的各种无机盐类、有机物等，其单位为 mg/L。

（四）电导率（DD）

电导率是表示水中导电能力大小的指标，电导率的单位为 S/m 或 μS/cm。电导率在一定程度上反映了水中含盐量的多少，是水纯净程度的一个重要指标，水越纯净，含盐量越少，电导率越小。

（五）硬度（YD）

硬度是表示水中钙离子、镁离子的总含量，其单位为 mmol/L。

（六）碱度（JD）

碱度是表示水中能接受氢离子的物质的量，单位为 mmol/L。锅水中的碱度主要是以 OH^- 和 CO_3^{2-} 的形式存在的。

（七）pH 值（pH）

pH 值是表示水的酸碱性的指标，pH 值越大碱性越强，pH 值越小酸性越强，pH = 7 时为中性，锅炉的给水或锅水对 pH 值都有一定的要求，因为它直接影响着锅炉结垢和腐蚀的速度。

（八）氯离子（Cl^-）

氯离子也称氯根，是常见的一项水质指标，氯离子的单位以 mg/L 表示。水中氯离子含量越低越好，含量高时则会腐蚀锅炉，易引起汽水共腾。由于氯化物的溶解度很大，不易析出，容易检测。所以，常以锅水中氯离子的变化，间接表示锅水中含盐量的变化。

（九）溶解氧（O_2）

天然水中的氧主要来源于大气，溶解在水中的氧气，简称为溶解氧，单位为 mg/L。水中溶解氧的含量主要与水温及气压有关。

（十）相对碱度

相对碱度表示锅水中游离 NaOH 含量与溶解固形物的比值，单位为 mg/L。控制相对碱度是为了防止锅炉发生苛性脆化腐蚀。

二、工业锅炉水质标准

《工业锅炉水质》（GB/T 1576—2018）规定了，工业锅炉运行时给水、锅水、蒸汽回水及补给水的水质要求。该标准适用于额定出口蒸汽压力小于 3.8 MPa，且以水为介质的固定式蒸汽锅炉、汽水两用锅炉和热水锅炉。

《工业锅炉水质》（GB/T 1576—2018）对蒸汽锅炉、汽水两用锅炉和热水锅炉做出了如下规定：

（1）采用锅外水处理的自然循环蒸汽锅炉和汽水两用锅炉的给水及锅水水质，应符合表 6-1 的规定。

表 6-1 采用锅外水处理的自然循环蒸汽锅炉和汽水两用锅炉水质

<table>
<tr><td rowspan="2">水样</td><td colspan="2">额定蒸汽压力（MPa）</td><td colspan="2">P≤1.0</td><td colspan="2">1.0<P≤1.6</td><td colspan="2">1.6<P≤2.5</td><td colspan="2">2.5<P≤3.8</td></tr>
<tr><td colspan="2">补给水类型</td><td>软化水</td><td>除盐水</td><td>软化水</td><td>除盐水</td><td>软化水</td><td>除盐水</td><td>软化水</td><td>除盐水</td></tr>
<tr><td rowspan="8">给水</td><td colspan="2">浊度(FTU)</td><td colspan="8">≤5.0</td></tr>
<tr><td colspan="2">硬度(mmol/L)</td><td colspan="7">≤0.03</td><td>≤5.0×10^{-3}</td></tr>
<tr><td colspan="2">pH 值(25 ℃)</td><td>7.0~10.5</td><td>8.5~10.5</td><td>7.0~10.5</td><td>8.5~10.5</td><td>7.0~10.5</td><td>8.5~10.5</td><td>7.5~10.5</td><td>8.5~10.5</td></tr>
<tr><td colspan="2">溶解氧[a](mg/L)</td><td colspan="3">≤0.10</td><td colspan="5">≤0.050</td></tr>
<tr><td colspan="2">油(mg/L)</td><td colspan="8">≤2.0</td></tr>
<tr><td colspan="2">铁 (mg/L)</td><td colspan="5">≤0.30</td><td colspan="3">≤0.10</td></tr>
<tr><td colspan="2">电导率(25 ℃)(μS/cm)</td><td colspan="2">—</td><td>≤5.5×10^{2}</td><td>≤1.1×10^{2}</td><td>≤5.0×10^{2}</td><td>≤1.0×10^{2}</td><td>≤3.5×10^{2}</td><td>≤80.0</td></tr>
<tr><td rowspan="12">锅水</td><td rowspan="2">全碱度[b](mmol/L)</td><td>无过热器</td><td>4.0~26.0</td><td>≤26.0</td><td>4.0~24.0</td><td>≤24.0</td><td>4.0~16.0</td><td>≤16.0</td><td colspan="2">≤12.0</td></tr>
<tr><td>有过热器</td><td colspan="2">—</td><td colspan="2">≤14.0</td><td colspan="4">≤12.0</td></tr>
<tr><td rowspan="2">酚酞碱度(mmol/L)</td><td>无过热器</td><td>2.0~18.0</td><td>≤18.0</td><td>2.0~16.0</td><td>≤16.0</td><td>2.0~12.0</td><td>≤12.0</td><td colspan="2">≤10.0</td></tr>
<tr><td>有过热器</td><td colspan="2">—</td><td colspan="6">≤10.0</td></tr>
<tr><td colspan="2">pH 值(25℃)</td><td colspan="6">10.0~12.0</td><td>9.0~12.0</td><td>9.0~11.0</td></tr>
<tr><td rowspan="2">电导率(25 ℃)(μS/cm)</td><td>无过热器</td><td colspan="2">≤6.4×10^{2}</td><td colspan="2">≤5.6×10^{2}</td><td colspan="2">≤4.8×10^{2}</td><td colspan="2">≤4.0×10^{2}</td></tr>
<tr><td>有过热器</td><td colspan="2"></td><td colspan="2">≤4.8×10^{2}</td><td colspan="2">≤4.0×10^{2}</td><td colspan="2">≤3.2×10^{2}</td></tr>
<tr><td rowspan="2">溶解固形物(mg/L)</td><td>无过热器</td><td colspan="2">≤4.0×10^{3}</td><td colspan="2">≤3.5×10^{3}</td><td colspan="2">≤3.0×10^{3}</td><td colspan="2">≤2.5×10^{3}</td></tr>
<tr><td>有过热器</td><td colspan="2">—</td><td colspan="2">≤3.0×10^{3}</td><td colspan="2">≤2.5×10^{3}</td><td colspan="2">≤2.0×10^{3}</td></tr>
<tr><td colspan="2">磷酸根(mg/L)</td><td>—</td><td colspan="5">10~30</td><td colspan="2">5~20</td></tr>
<tr><td colspan="2">亚硫酸根(mg/L)</td><td colspan="2">—</td><td colspan="4">10~30</td><td colspan="2">5~10</td></tr>
<tr><td colspan="2">相对碱度</td><td colspan="8"><0.2</td></tr>
</table>

注：1. 对于额定蒸发量小于或等于 4 t/h，且额定蒸汽压力小于或等于 1.0 MPa 的锅炉，电导率和溶解固形物指标可执行表 6-2。

2. 额定蒸汽压力小于或等于 2.5 MPa 的蒸汽锅炉，补给水采用除盐处理，且给水电导率小于 10 μS/cm 的，可控制锅水 pH 值(25 ℃)下限不低于 9.0，磷酸根下限不低于 5 mg/L。

a 对于供汽轮机用气的锅炉，给水含氧量应小于或等于 0.050 mg/L。

b 对蒸汽质量要求不高，并且无过热器的锅炉，锅水全碱度上限值可适当放宽，但放宽后锅水的 pH 值(25 ℃)不应超过上限。

(2)额定蒸发量小于或等于 4 t/h,并且额定蒸汽压力小于或等于 1.0 MPa 的自然循环蒸汽锅炉和汽水两用锅炉可以采用单纯锅内加药、部分软化或天然碱度等水处理方式,但应保证受热面平均结垢速率不大于 0.5 mm/a,其给水和锅水水质应符合表 6-2 的规定。

表 6-2　采用锅内水处理的自然循环蒸汽锅炉和汽水两用锅炉水质

<table>
<tr><th>水样</th><th>项目</th><th>标准值</th></tr>
<tr><td rowspan="5">给水</td><td>浊度(FTU)</td><td>≤20.0</td></tr>
<tr><td>硬度(mmol/L)</td><td>≤4</td></tr>
<tr><td>pH 值(25 ℃)</td><td>7.0~10.5</td></tr>
<tr><td>油(mg/L)</td><td>≤2.0</td></tr>
<tr><td>铁(mg/L)</td><td>≤0.30</td></tr>
<tr><td rowspan="6">锅水</td><td>全碱度(mmol/L)</td><td>8.0~26.0</td></tr>
<tr><td>酚酞碱度(mmol/L)</td><td>6.0~18.0</td></tr>
<tr><td>pH 值(25 ℃)</td><td>10.0~12.0</td></tr>
<tr><td>溶解固形物(mg/L)</td><td>≤5.0×10³</td></tr>
<tr><td>磷酸根[a](mg/L)</td><td>10~50</td></tr>
<tr><td>电导率(25 ℃,μS/cm)</td><td>≤8.0×10³</td></tr>
</table>

(3)贯流蒸汽锅炉和直流蒸汽锅炉给水和锅水水质应符合表 6-3 的规定。

贯流蒸汽锅炉汽水分离器中返回到下集箱的疏水量,应保证锅水符合 GB/T 1576—2018 的标准;直流蒸汽锅炉汽水分离器中返回到除氧热水箱的疏水量,应保证给水符合 GB/T 1576—2018 的标准。

表 6-3　贯流蒸汽锅炉和直流蒸汽锅炉水质

<table>
<tr><td rowspan="3">水样</td><td>锅炉类型</td><td colspan="3">贯流蒸汽锅炉</td><td colspan="3">直流蒸汽锅炉</td></tr>
<tr><td>额定蒸汽压力(MPa)</td><td>P≤1.0</td><td>1.0<P≤2.5</td><td>2.5<P<3.8</td><td>P≤1.0</td><td>1.0<P≤2.5</td><td>2.5<P<3.8</td></tr>
<tr><td>补给水类型</td><td colspan="3">软化或除盐水</td><td colspan="3">软化或除盐水</td></tr>
<tr><td rowspan="12">给水</td><td>浊度(FTU)</td><td colspan="3">≤5.0</td><td colspan="3">—</td></tr>
<tr><td>硬度(mmol/L)</td><td colspan="2">≤0.03</td><td>≤5.0×10⁻³</td><td colspan="2">≤0.03</td><td>≤5.0×10⁻³</td></tr>
<tr><td>pH 值(25 ℃)</td><td colspan="3">7.0~9.0</td><td colspan="2">10.0~12.0</td><td>9.0~12.0</td></tr>
<tr><td>溶解氧(mg/L)</td><td colspan="3">≤0.50</td><td colspan="3">≤0.50</td></tr>
<tr><td>油(mg/L)</td><td colspan="3">≤2.0</td><td colspan="3">≤2.0</td></tr>
<tr><td>铁(mg/L)</td><td colspan="2">≤0.30</td><td>≤0.10</td><td colspan="3">—</td></tr>
<tr><td>全碱度(mmol/L)</td><td colspan="3">—</td><td>4.0~16.0</td><td>4.0~12.0</td><td>≤12.0</td></tr>
<tr><td>酚酞碱度(mmol/L)</td><td colspan="3">—</td><td>2.0~12.0</td><td>2.0~10.0</td><td>≤10.0</td></tr>
<tr><td>溶解固形物(mg/L)</td><td colspan="3">—</td><td>≤3.5×10³</td><td>≤3.0×10³</td><td>≤2.5×10³</td></tr>
<tr><td>磷酸根(mg/L)</td><td colspan="3">—</td><td colspan="2">10~50</td><td>5~30</td></tr>
<tr><td>亚硫酸根(mg/L)</td><td colspan="3">—</td><td>10~50</td><td>10~30</td><td>10~20</td></tr>
<tr><td>电导率(25 ℃)(μS/cm)</td><td>≤4.5×10²</td><td>4.0×10²</td><td>≤3.0×10²</td><td>≤5.6×10²</td><td>≤4.8×10²</td><td>≤4.0×10²</td></tr>
</table>

续表 6-3

水样	锅炉类型	贯流蒸汽锅炉			直流蒸汽锅炉		
	额定蒸汽压力(MPa)	$P\leq1.0$	$1.0<P\leq2.5$	$2.5<P<3.8$	$P\leq1.0$	$1.0<P\leq2.5$	$2.5<P<3.8$
	补给水类型	软化或除盐水			软化或除盐水		
锅水	全碱度(mmol/L)	2.0~16.0	2.0~12.0	≤12.0	—		
	酚酞碱度(mmol/L)	1.6~12.0	1.6~10.0	≤10.0	—		
	pH 值(25 ℃)	10.0~12.0			—		
	电导率(25 ℃)(μS/cm)	$\leq4.8\times10^{2}$	4.0×10^{2}	$\leq3.2\times10^{2}$	—		
	溶解固形物(mg/L)	$\leq3.0\times10^{3}$	$\leq2.5\times10^{3}$	$\leq2.0\times10^{3}$	—		
	磷酸根(mg/L)	10~50		10~20	—		
	亚硫酸根(mg/L)	10~50	10~30	10~20	—		

注:1. 直流锅炉给水取样点可定在除氧热水箱出口处。

2. 直流蒸汽锅炉给水溶解氧≤0.05 mg/L 的,给水 pH 值下限可放宽至 9.0。

3. 补给水采用除盐处理,且电导率小于 10 μS/cm 时,贯流锅炉的锅水和额定蒸汽压力不大于 2.5 MPa 的直流锅炉给水也控制 pH 值(25 ℃)下限不低于 9.0,磷酸根下限不低于 5 mg/L。

(4)蒸汽锅炉回水水质宜符合表 6-4 的规定。

回水用作锅炉给水应当保证给水质量符合 GB/T 1576—2018 标准相应的规定。

应根据回水可能受到的污染介质,增加必要的检测项目。

表 6-4　蒸汽锅炉回水水质

硬度(mmol/L)		铁(mg/L)		铜(mg/L)		油(mg/L)
标准值	期望值	标准值	期望值	标准值	期望值	标准值
≤0.06	≤0.03	≤0.60	≤0.30	≤0.10	≤0.050	≤2.0

注:回水系统中不含铜材质的,增加必要的检测项目。

(5)热水锅炉补给水和锅水水质应符合表 6-5 的规定。

对于有锅筒(壳)且额定功率小于或等于 4.2 MW 的承压热水锅炉和常压热水锅炉,可采用单纯锅内加药、部分软化或天然碱度法等水处理,但应保证受热面平均结垢速率不大于 0.5 mm/a。

额定功率大于或等于 7.0 MW 的承压热水锅炉应除氧,额定功率小于 7.0 MW 的承压热水锅炉,如果发现氧腐蚀,需采用除氧、提高 pH 值或加缓蚀剂等防腐措施。

采用加药处理的锅炉,加药后的水质不得影响生产和生活。

表 6-5　热水锅炉水质

<table>
<tr><th colspan="2" rowspan="3">水样</th><th colspan="2">额定功率(MW)</th></tr>
<tr><th>≤4.2</th><th>不限</th></tr>
<tr><th>锅内水处理</th><th>锅外水处理</th></tr>
<tr><td rowspan="5">补给水</td><td>浊度(FTU)</td><td>≤20.0</td><td>≤5.0</td></tr>
<tr><td>硬度(mmol/L)</td><td>≤6*</td><td>≤0.6</td></tr>
<tr><td>pH 值(25 ℃)</td><td colspan="2">7.0~11.0</td></tr>
<tr><td>溶解氧(mg/L)</td><td colspan="2">≤0.10</td></tr>
<tr><td>铁(mg/L)</td><td colspan="2">≤0.30</td></tr>
<tr><td rowspan="6">锅水</td><td>pH 值(25 ℃)</td><td colspan="2">9.0~12.0</td></tr>
<tr><td>磷酸根(mg/L)</td><td colspan="2">10~50</td></tr>
<tr><td>铁(mg/L)</td><td>≤0.50</td><td>5~50</td></tr>
<tr><td>油(mg/L)</td><td colspan="2">≤2.0</td></tr>
<tr><td>酚酞碱度(mmol/L)</td><td colspan="2">≥2.0</td></tr>
<tr><td>溶解氧(mg/L)</td><td colspan="2">≤0.50</td></tr>
</table>

注:* 使用与结垢物质作用后不生成固体不溶物的阻垢剂,补给水硬度可放宽至小于或等于 8.0 mmol/L。

(6)余热锅炉的水质指标应符合同类型、同参数锅炉的要求。

(7)补给水水质应根据锅炉的类型、参数、回水利用率、排污率、原水水质,选择补给水处理方式。

补给水处理方式应保证给水水质符合 GB/T 1576—2018 的标准。

软水器再生后出水氯离子含量不得大于进水氯离子含量的 1.1 倍。

第三节　工业锅炉水处理

锅炉水处理方法主要包括锅外水处理、锅内水处理和给水除氧等 3 大类,而每类方法又有很多种方法,对锅炉水处理方法的选择,要因炉型、因水、因地制宜,才能实现既经济又解决问题的目的。

一、锅外水处理

锅外水处理是指对进入锅炉之前的锅炉用水(包括补充水和回水)所进行的各种处理。锅外水处理主要包括预处理、软化处理、降碱处理和除盐处理等几种处理方法。

(一)预处理

预处理的目的是除去天然水中的悬浮物和胶体状杂质,主要方法是进行过滤和沉淀,过滤和沉淀在专门的沉淀池和过滤器内进行。

地下水和城市自来水一般不进行预处理,而地表水作锅炉原水时则应进行预处理。

(二)软化处理

软化就是降低或消除水中的硬度,工业锅炉给水的软化常用钠离子交换法。在钠离子交换过程中,交换与被交换的离子均为阳离子。离子交换树脂参加交换反应中的阳离子是钠离子(Na^+)时,则此离子交换树脂为钠型阳离子交换树脂。钠型阳离子交换树脂与水中钙离子、镁离子进行交换时,树脂上的钠离子(Na^+)进入水中,这种用钠离子取代水中钙离子、镁离子的过程称之为钠离子软化交换法。

(三)除碱处理

有部分锅炉在运行中往往会出现这种现象,锅水中的溶解固形物还没有达到国家水质标准的要求,而此时锅水中的碱度早已超过了国家水质标准的要求。为了使锅水碱度维持在标准范围内,各单位往往采取加大排污的方法,这样不仅浪费了大量的水,同时浪费了大量能源,严重降低了锅炉运行的经济性。锅炉给水的除碱就是使锅水中的溶解固形物和碱度同时达到国家水质标准,这样不但节省了大量锅水和能源,而且大大减轻了锅炉操作人员的劳动强度。

锅炉给水除碱的方法很多,可采用锅内加药,向运行锅内加磷酸二氢钠、磷酸氢二钠、草酸、磷酸等,也可采用锅外水处理法(常用部分钠离子交换法、氢钠离子交换法、阴阳离子交换法、电渗析脱碱方法)。

二、锅内水处理

锅内水处理是通过向锅炉内投入一定数量的防垢剂,在锅内与水中的结垢物质(主要是钙镁盐类)发生反应,生成松散而又有流动性的水渣,通过锅炉排污除去,从而达到防止或减缓锅炉结垢和腐蚀的目的。这种水处理主要是在锅炉内部进行的,故称为锅内水处理。

(一)锅内水处理的特点

锅内水处理的优点是:对原水水质适用范围较大,设备简单,投资小,操作方便,运行费用低,易管理、维护简便及节省劳动力。另外,锅内加药处理法相对于锅外离子交换法而言,可节约大量用水,且对自然水环境污染较小。

锅内水处理的缺点是:锅炉排污要求较严格,排污水量和热损失相对较大;不能完全防止锅炉结垢,而且防垢效果不够稳定,还需对锅炉运行定期清洗;在循环不良的地方因锅内处理生成大量的沉渣,不容易被排净,有可能发生沉渣聚积形成二次水垢。因此,这种方法不如钠离子交换法,能够达到较为彻底的防垢目的。

(二)锅内水处理的常用药剂配方

锅内加药处理常用的防垢药剂主要有氢氧化钠、碳酸钠(俗称纯碱)、磷酸盐、栲胶、腐殖酸钠和水质稳定剂(常用有机磷酸盐或有机羧酸盐)等。这些药剂虽然都有一定的阻垢作用,但也有其各自不同的特性。对于锅内加药处理来说,要达到良好的阻垢、防腐效果,往往需根据原水水质和锅炉实际情况选用不同的药剂,按一定的比例配制成复合型防垢剂。

常用的复合型防垢剂配方有：三钠一胶（碳酸钠、磷酸三钠、氢氧化钠和栲胶），二钠一胶（碳酸钠、磷酸三钠和栲胶），纯碱—腐殖酸钠或水质稳定剂等。

燃油燃气锅炉有时只有少量的沉积物，就会给锅炉正常运行带来严重影响。实践证明，水容积较小的锅炉（如贯流式和直流盘管式燃油锅炉），即使其额定蒸发量较小，也不宜采用单纯的锅内加药处理，而必须采用给水软化处理再加适当的加药补充处理。

三、锅炉给水除氧

锅炉给水除氧也属于锅炉水处理的范畴，其解决的问题是防止锅炉发生化学腐蚀和电化学腐蚀。

蒸汽锅炉：当锅炉额定蒸发量大于或等于 10 t/h 时应除氧；额定蒸发量小于 10 t/h 的锅炉如发现局部腐蚀，也应采取除氧措施。

热水锅炉：锅炉额定功率大于或等于 7.0 MW 时，热水锅炉给水应除氧；额定功率小于 7.0 MW 的热水锅炉给水应尽量除氧。

常用的除氧方法有化学除氧、真空除氧和热力除氧。

但由于除氧方法选择不当或未采取任何除氧措施，锅炉给水中的氧和二氧化碳，随着水的流程逐渐与金属发生反应，因此省煤器最容易发生腐蚀，其次是给水管道和锅筒水位线附近，其腐蚀速度相当快。多数蒸汽锅炉采用热力除氧，少数采用化学除氧和真空除氧。热力除氧不适用热水锅炉。

第四节　锅炉排污

一、排污的目的和意义

为了保持锅炉水质的各项指标，控制在标准范围内，就需要从锅炉中不断地排除含盐量较高的锅炉水和沉积的泥垢，再补入含盐量低的给水。以上作业过程，称为锅炉的排污。

（一）排污的目的

排污的目的主要有以下几个方面：

（1）排除锅炉水中过剩的盐量和碱量，使锅炉水质各项指标始终控制在国家标准要求的范围内。

（2）排除锅炉内结生的泥垢。

（3）排除锅炉水表面的油脂和泡沫。

（4）保证蒸汽品质。

（二）排污的意义

（1）锅炉排污是水处理工作的重要组成部分，是保证锅炉水质达到标准要求的重要手段。

（2）实行有计划的、科学的排污，保持锅炉水质良好，是减缓或防止水垢结生、保证蒸汽质量和防止锅炉金属腐蚀的重要措施。

二、排污的方式和要求

(一)排污的方式

1. 连续排污

连续排污又叫表面排污。这种排污方式,是连续不断地从锅炉水表面,将浓度较高的锅炉水排出。它是降低锅炉水中的含盐量和碱度,以及排除锅炉水表面的油脂和泡沫的重要方式。

2. 定期排污

定期排污又叫间断排污和底部排污。定期排污是在锅炉系统的最低点间断地进行。它是排除锅炉内形成的泥垢以及其他沉淀物的有效方式。另外,定期排污还能迅速地调节锅炉水浓度,以补连续排污的不足,小型锅炉只有定期排污装置。

(二)排污的要求

锅炉排污必须按锅炉水化验的指标来进行。锅炉排污质量,不但取决于排污量的多少,以及排污的方式,而且只有按照排污的要求去进行,才能保证排出水量,才能达到排污的效果。对排污的主要要求如下。

1. 勤排

勤排就是说排污次数多一些,特别用底部排污来排除泥垢时,短时间的、多次的排污要比长时间的、一次排污效果好得多。

2. 少排

只要做到勤排,必然会做到少排,即每次排污量要少,这样既可以保证不影响供气,又会使锅水质量始终控制在标准范围内,而不会产生极大的波动。这对锅炉保养十分有利。

3. 均衡排

均衡排就是说要使每次排污的时间间隔大体相同,使锅水质量经常保持在均衡状态下。

4. 在锅炉低负荷下排污

此时因为水循环速度低,水渣容易下沉,定期排除效果好。

第七章　燃油燃气锅炉运行与保养

第一节　锅炉运行前的检查和准备

运行前必须对锅炉进行全面检查,确定锅炉各部件均符合点火运行要求,方可投入使用。尤其是新安装、迁装、改装或受压部件经过重大修理的锅炉,必须经过有关部门验收合格。在用锅炉经年检、整修合格后,方可进行启动的准备。

一、锅炉本体及燃烧器的检查

(一)锅内检查

检查锅筒、炉胆、火管、管板、封头及拉撑等受压元件是否正常,要在人孔和手孔尚未关闭时进行,以便检查这些部件内部有无严重腐蚀或损坏。锅筒内壁与水位计、压力表等相连接的管子接头处有无污垢堵塞,水垢泥渣是否清洗干净,有无工具及其他物件遗留在锅内,并用通球法检查管内是否有焊渣或被堵塞。在确认清理干净,锅内装置合格后再密封人孔、手孔。密封垫要按规定要求更新。

(二)锅外检查

除检查锅炉本体外部有无损坏外,还应检查炉膛有无积油和烟道死角有无积气,如有积油或积气必须清除干净。供油供气管绝对不允许有漏油漏气现象;否则,漏出的燃油蒸发成气态并与空气混合,当燃油在空气中体积分数达到1.2%~6.0%时,会由于火花等原因而引起爆炸。而燃气中的许多成分含有毒性,对人体有很大的伤害。另外,气体燃料与空气在一定比例下混合形成爆炸性气体,若使用不当,很容易引发火灾和爆炸事故。检查防爆门是否装设正确和严密。检查烟囱安装是否合理。检查合格后严密关闭各孔门。安全阀、水位计、压力表、温度表应齐全并符合规程规定,要求灵敏、安全、可靠、试车正常。

(三)燃烧器检查

检查燃烧器安装是否合理,燃烧器是否便于维修,供油管路、供气管路是否畅通、严密,油压表、气压表指示是否正确,风机、电动机转向是否正确,风门及传动装置是否完好,启动是否灵活。负荷调节装置位置是否正确,点火电极、点火位置、大火位置是否预设好。检查完毕后风门和挡板应处于点火前所需位置。

二、锅炉附属设备的检查

(1)循环水泵、补水泵、给水泵试运转无漏水、噪声及升温异常等现象,保持轴承箱内油位正常,冷却水管畅通。

(2)水处理设备、除氧器试运转,检查锅炉给水是否达到锅炉水质标准要求。

(3)循环油泵试运转,检查燃烧器油泵前压力是否达到0.1~0.2 MPa。检查油箱输油泵是否正常。

三、汽水管道、阀门的检查

汽水管道、阀门都应连接齐全，管道支吊架应完好。锅筒及各连接管道上的所有阀门（安全阀、调节阀、切断阀等）是否安装正确、牢固及完好。主蒸汽管、给水管道及排污管等法兰连接处应无堵板（盲板）；锅筒、管道、阀门等保温情况良好，标志明确；各阀门的开关及传动装置是否灵活，开度指示和其实际开度是否符合。

四、回转机械的检查

锅炉设备中的回转机械指鼓风机、引风机和电动机。主要检查风机挡板开关，保证其灵活、严密、指示正确，检查后挡板与监视孔全部关闭；风机和电动机的安装必须正确完好，固定牢靠，地脚螺母不应松动；联轴器、靠背轮等转动部分必须装置妥善，并应装有防护罩。冷却水路畅通，轴承油面线清楚，指示管牢固，润滑油应清洁无变质、无漏油现象。调节挡板阀门用手转动应灵活，无摩擦声。风机入口导叶的方向应与风机叶片转动方向相同。盘动联轴器，使转动部分旋转，检查有无摩擦、碰撞、卡死或其他异常现象。

五、燃料供应系统的检查

燃油燃气锅炉的燃料通过管道输送至燃烧器，在锅炉启动前应对燃料供应系统做全面的检查。

燃油管路系统的主要流程是：先将油通过输油泵从储油罐送至日用油箱，在日用油箱加热（若是重油）到一定温度后，通过供油泵送至炉前加热器或锅炉燃烧器，一部分燃油通过燃烧器进入炉膛燃烧；另一部分燃油返回油箱。检查输油管道是否畅通，有无杂物堵塞或泄漏；输油泵或供油泵运转是否良好。燃用重油时，当采用齿轮泵、螺杆泵和离心泵等由电动机带动的泵作备用泵时，必须是热备用，否则会因泵内重油黏度过高，造成备用泵启动时引起电动机过载或油泵损坏。因此，应检查油泵的热备用系统是否运转正常；检查日用油箱中的蒸汽加热装置或电加热装置，以及炉前重油加热器等各系统能否良好工作；检查输油泵前母管上和燃烧器进口管路上的油过滤器有无堵塞现象。

燃气管路系统的主要流程是：通过调压站的燃气经过锅炉房外部的燃气总管进入锅炉房，输入锅炉燃气干管，并由燃气支管送至锅炉燃烧器。因此，主要检查易泄漏的部分，如阀门、法兰连接等处的严密性。对于新安装或检修后的供气管路系统，应按规定进行强度试验和严密性试验。

燃油燃气压力表和连接压力表的管段应畅通，连接处无泄漏。

燃油燃气供应系统上的各种阀门是保证锅炉安全正常运行的重要部件，必须严格检查。

六、电气系统检查

合上电源，检查供电电源是否符合额定电压，进配电柜是否符合额定电压。去除主回路供电，模拟点火程序，观察控制回路是否正常。

第二节　锅炉启动

一、锅炉吹扫

在锅炉点火前,应吹净燃料系统的空气和锅炉及烟道内的可燃气体混合物,以防止发生爆炸事故。燃气系统的吹扫介质可用燃气本身或其他惰性气体,如氮气、二氧化碳、蒸汽等。锅炉房燃气系统的吹扫,除调压站远离锅炉房或系统较复杂时采用分段吹扫外,一般将调压站的燃气管道和锅炉房的供气管道一次进行吹扫。燃气系统的吹扫工作结束后,关闭所有放散阀,使燃气系统充压,保持压力在正常范围内。

燃油系统的吹扫就是把燃油从管道中扫出。对于间歇运行的锅炉,当停炉时,管道内的燃油也停止流动,这时为了防止燃油凝固仍用蒸汽伴热加温,由于油温有可能升高,将加速油沥青胶质和碳化物的析出。这些析出物沉积于管壁上以至结焦,将逐渐缩小管道的流通截面甚至将管道全部堵塞。因此,对于较长时间停止运行的管道或检修时的管道,必须将燃油扫出。燃油管道的吹扫介质一般采用蒸汽,也可使用压缩空气。

燃油管道与蒸汽管道的连接位置以及吹扫引气管的布置,应按照不留死油段(吹扫不到的区段)的原则,在整个燃油系统的设计中统一规划。为了方便排出燃油系统中的油品和蒸汽吹扫后出现的凝结水,最好采用顺坡吹扫的方式。吹扫出来的油品可扫入污油池、出油罐及临时接油的油桶中,尽量避免扫入日用油箱。

二、点火

锅炉点火所需要的时间,应根据锅炉结构形式、燃烧方式和水循环等情况而定。水循环好的锅炉,一般点火的时间短些;水循环较差的锅炉,点火时间要长些。所谓点火时间,是指从冷炉开始点火到锅炉达到正常运行状态所需要的时间。点火时间,火管锅炉一般为5~6 h,水管锅炉一般为3~4 h,快装锅炉一般为2~3 h。点火不能太急促,特别是水容量大和水循环较差的锅炉,更应使炉温缓慢上升,以免因突然的热膨胀损坏锅炉部件和炉墙。

燃油锅炉在点火前,应启动引风机和送风机,并将风门挡板暂放在全开位置,保持炉膛负压为50~100 Pa,连续吹扫时间应在5 min以上,将炉膛在上次停炉熄火时,喷出的油滴蒸发成的油气和烟道死角可能积存的可燃气体全部排出,置换成新鲜空气。否则,点火时有爆炸危险。点火时,应将风门挡板转到风量最小位置,一般应使炉膛维持9.8~19.6 Pa的负压。

燃气锅炉点火时,为了防止炉膛和烟道可能残留有可燃气而引起爆炸,点火前也必须启动风机,对炉膛和烟道至少通风5 min。在通风前,无论任何情况,不得将明火带入炉膛和烟道中去。在正式点火之前,把主燃烧器前的电磁阀打开,燃气通过流量调节阀送至主燃烧器支管的手动切断阀前,同时将主燃烧器的一、二次风门挡板调整到点燃后能使火焰稳定的位置(一般可调到相当于低负荷运行时风门挡板的位置),这时可以正式点火。

燃油燃气锅炉的点火通常采用点火棒点火或半自动的点火花点火两种方式。无论采用何种点火方式,一定要先开风门,然后投入点火装置,再开油门或可燃气门。绝对禁止先开油门或可燃气门,后开风门,再投入点火装置的错误操作。若采用点火棒点火,点火时不要正对着点火孔,应从侧面点火,以防爆燃时被喷火烧伤。

对燃油锅炉,将点燃的点火棒伸入炉内紧贴燃烧器前端的下方约 200 mm 处,然后缓慢地开启油阀,喷油点火。用蒸汽雾化时,应先打开疏水阀,待完全排除凝结水后,再打开蒸汽阀进行点火。若凝结水混入燃油,将使温度下降,不易着火。

对燃气锅炉,将点火棒点燃后插入主燃烧器看火孔,微开主燃烧器手动阀门至燃气压力为 0.6~1.0 kPa,当确认主燃烧器点燃后撤出点火棒,并关上燃烧器看火孔。逐渐开大风门和燃气手动阀门,调整火焰和炉膛负压。若采用半自动的点火花点火,先稍开点火燃烧器的手动风门,接着打开点火燃烧器的手动阀门,让少量燃料进入点火燃烧器后,立即打燃点火燃烧器的点火花,点燃并调好点火燃烧器的火焰后,用与点火棒点火相同的方法点燃主燃烧器。然后关闭点火燃烧器的燃料、空气手动阀和电磁阀,并切断其电源。

点火最好一次成功。若一次点火不成功,或在运行中突然灭火,必须首先关闭油阀或燃气调节阀,停止向炉膛供燃料,并充分通风换气后,再重新点火,严禁利用炉膛余火进行二次点火。

燃油燃气锅炉的点火过程中最容易发生爆炸事故,其原因主要是违反操作规程。因此,燃油燃气锅炉的点火必须严格按操作规程进行,切不可疏忽大意。

三、升压

锅炉点火后,燃烧要缓慢加强。为了保证锅炉各部分受热均匀,严格控制温度不能急剧升高,燃烧不能过猛,对于机械通风根据燃烧情况,可适当开启引风机或引风鼓风,通过调节风门挡板控制风量风压。升压期间可适当排水、补水、减少上下温差,使锅水均匀地热起来。升压不可太快,当汽压升到高于大气压力,蒸汽从空气阀排出时,应当关闭锅筒上的空气旋塞或将安全阀放回到原处,并注意锅炉压力的继续上升。如锅筒上装有两个压力表,应该校核两者所指示的汽压是否相同。同时,要注意炉膛及其所有受热面受热膨胀是否均匀。

当汽压升至 0.05~0.1 MPa 时,应检查人孔、手孔、水位计、排污阀、法兰、阀门等接头是否渗漏。当温度升高后它们会伸长变松,需要重新拧紧。如有渗漏不能处理则应停止运行。对人孔、手孔无论漏否,均要再适当拧紧螺母,并冲洗玻璃管(板)水位计一次,防止水连管堵塞出现假水位。冲洗水位计时,须缓慢进行,脸不要正对水位的玻璃管(板),以免玻璃管(板)由于忽冷忽热而破裂伤人。操作时要带防护手套,以防烫伤。

当汽压升至 0.1~0.2 MPa 时,应检查压力表的可靠性,冲洗压力表的存水弯管,排出弯管中的存水至排出蒸汽为止,以防止因污垢堵塞而失灵。冲洗时,要注意观察压力表的指示情况,对各连接处再次检查有无渗漏现象。再拧紧一次人孔、手孔螺母。操作时应侧身,用力不宜过猛,禁止使用长度超过螺栓直径 15~20 倍以上的扳手去操作,以免将螺栓拧断。在汽压继续升高后,禁止再次拧紧螺栓。

当汽压升至 0.3 MPa 时,试验给水设备及排污装置,在排污前应向锅内上水,排污量为水位在玻璃水位计内下降 100 mm 左右,排污时要注意观察水位,不得低于水位计的最低安全水位线。排污完毕,应严密关闭每一排污处的两个排污阀。同时,检查有无漏水现象,对通风及燃烧情况进行调节。当汽压达到锅炉额定工作压力时,应校验安全阀是否灵敏可靠,然后铅封。同时再冲洗一次水位计。

第三节 锅炉运行操作与调整

一、蒸汽锅炉运行操作与调整

蒸汽锅炉正常运行中,在操作上最重要的是保持水位稳定,维持锅炉的汽压、汽温在一定范围内。

(一)水位的监视与调节

锅炉的水位是保证正常供汽和安全运行的重要指标。锅炉水位的变化会使汽压、汽温产生波动,甚至发生满水或缺水事故。因此,锅炉在运行中应尽量做到均衡连续给水,或勤给水、少给水,以保持水位在正常水位线处轻微波动。

运行中要对两组水位计进行比较,若显示水位不同,要及时查明原因加以纠正。无论什么原因出现水位低,均应马上控制燃烧。各类锅炉结构上都规定了最低安全水位线,运行中水位必须维持在规定的最低水位线以上。同时,水位也不能上升到最高水位线以上。通常水位允许的变化范围不超过±50~100 mm。

当水位计内看不见水位时,应立即检查水位计,或采用“叫水”法来判断锅炉缺水或满水的情况。其操作程序及判断处理方法是:先打开水位计下部的放水阀,如有大量水汽喷出并在水位计内出现汽泡上升等现象,则证明锅炉满水(超过最高允许水位,清晰透明的玻璃管内的颜色发暗),应停止通风、燃烧,通过排污阀放水至正常水位,然后即可投入运行。

当用“叫水”法见到水位上升,则说明锅炉缺水不严重,水位仅低于水位计的下部可见边缘仍不低于水连管,为轻微缺水,可暂停运行,缓慢向锅内进水至正常水位,检查无异常后,即可恢复运行。

如见不到水位上升,则说明锅炉严重缺水,应紧急停炉,查明锅炉内实际水位,在未确定锅炉内实际水位的情况前,不得向锅炉上水。

在负荷变化较大时,可能出现虚假水位。因此,在监视和调整水位时,要注意判断暂时假水位,正确掌握虚假水位的调节方法,决不能出现操作失误,给锅炉安全运行造成危害。

(二)压力的监视与调节

锅炉正常运行时,必须经常监视压力表的指示,保持汽压稳定,不得超过最高允许工作压力。锅炉的汽压是通过压力表显示出来的。压力表的指针不得超过锅炉最高工作压力的红线。压力表指针超过红线时,安全阀应开始排汽,若不能排汽,必须立即用人工方法开启安全阀。

(三)温度的监视与调节

蒸汽温度是锅炉运行中最重要的控制参数之一。

汽温过高的主要原因有:燃烧设备布置不当或调风不当,炉膛火焰中心过高,或水冷壁因结垢减少了吸热量,使炉膛出口烟气温度升高,过热器传热温差增大,传热量增加。锅炉漏风或送风量过大,使燃烧室烟气温度降低,水冷壁辐射吸热量减少,炉膛出口烟气温度或烟气量增加,过热器传热温差或传热系数增大,传热量增加。如果锅炉负荷增加、给水温度降低,还要保证锅炉负荷不变或为了阻止汽压的下降,则必须增加燃料量和送风量,加强燃烧,造成炉膛出口的烟气温度和烟气量均增大,汽温增高。若燃料在炉膛燃烧不完全形成炭黑,进入过热器烟道将造成二次燃烧,也使过热汽温大大增加。

一般中小型工业锅炉没有减温调节装置,只能从烟气侧改变火焰中心的高低或增减风量等手段达到调节汽温的目的。如果汽温下降,加大送风量,则烟气量增加,汽温会上升;或者增大引风量,使炉膛负压增加,火焰中心位置上移,过热蒸汽温度也会上升。

若运行中锅炉的汽压、汽温超过规定的允许值,则已属于事故及危险范围,必须采取紧急措施,减弱燃烧强度,调节锅炉负荷,对空排汽等,严重时应停止锅炉运行。

二、热水锅炉运行操作与调整

热水锅炉的内部充满循环水,在运行中没有水位问题。其主要控制参数是运行温度、运行压力及炉膛压力等。热水锅炉根据出口水温的不同,分为高温热水锅炉(出口水温≥120 ℃)和低温热水锅炉(出口水温<120 ℃)。目前,大量使用的是出口水温≤95 ℃的热水锅炉,一般不会汽化,出口压力应能保证炉水到达最高供热点。要防止因压力不足空气倒灌,恒压问题对热水锅炉很重要。

(一)运行温度的控制

水温是热水锅炉运行中应该严格监视与控制的指标。如果出水温度过高,会引起锅水汽化,大量锅水汽化会造成超压以至爆炸事故。

锅炉运行中要严格控制出水和回水温差,不要超过30 ℃,否则温差变化大,对锅炉的安全运行带来很大危害。同时,要注意监视各循环回路的出水温度,保证各循环回路的出水温度偏差不超过10 ℃。热水锅炉的出水温度是由锅炉内不同循环回路的出水温度混合而成的,如果各回路间出水温差过大,虽然锅炉出水温度远低于汽化温度,但个别回路却已发生汽化,甚至出现水击现象。一般通过调节回路循环水量的方法来控制回路的出水温度。

为了防止汽化,在锅炉运行中,必须严密监视锅炉出口水温,保证出口水温低于运行压力下相应饱和温度20 ℃以下。还应使锅炉各部位的循环水流量均匀,即要求循环水保持一定的流速,并能均匀地流经锅炉各受热面。

(二)运行压力的控制

热水锅炉有可靠的定压装置,以保证当系统内的压力超过水温所对应的饱和压力时,锅水不会汽化。

正常运行时,锅炉本体上的压力表指示值总是大于回水管上压力表的指示值,而且两块压力表指示的压力差应当是恒定的(两者之差为系统中水的流动阻力)。两块压力表指示的压力差不变但数值下降,说明系统中的水量在减少,应增加补水。经补水后压力仍然不能恢复正常,表示系统中有严重的泄漏,应立即采取措施。如锅炉压力不变而回水管压力上升,表明系统有短路现象,即系统水未经用户直接进入回水管,或甩掉部分用户进入回水管。另外,通过观察循环水泵出、入口上的压力表指示值,可以判断循环水泵的工作是否正常。

(三)运行中其他注意事项

1. 经常排汽

运行中随着水温升高,不断有气体析出,并在管道内积聚,容易形成空气塞,影响水的正常循环和供热效果。因此,操作人员要经常开启放气阀进行排汽。此外,还要定期对除污器上的排气管进行排汽。

2. 防止汽化

热水锅炉在运行中一旦发生汽化现象,轻者会引起水击,重者使锅炉压力迅速升高,导致发生爆破等重大事故。

3. 合理分配水量

由于管道在弯头、三通、变径管及阀门等处容易被污物堵塞,影响流量分配,因此对这些地方应勤加检查。最简单的检查方法是用手触摸,如果感觉温度差别很大,则应拆开处理。

4. 停电保护

强制循环的热水锅炉在突然停电并迫使水泵和风机停止运转时,锅水循环立即停止,很容易因汽化而发生严重事故。此时必须迅速熄火,使炉温很快降低,同时应将锅炉与系统之间用阀门切断。

三、燃烧的调整

正常燃烧时,炉膛中火焰稳定,呈白橙色,一般有轻微隆隆声。如果火焰狭窄无力或有异常声响,均表示燃烧有问题,应及时调整油(气)量和风量。若经过调整仍无好转,则应熄火查明原因,采取措施消除故障后重新点火。

四、锅炉附件的运行操作

(一)压力表

(1)定期冲洗压力表存水弯管,防止堵塞。冲洗时操作人员不能面对出汽孔,以免烫伤,冲洗后,不要立即打开旋塞,避免蒸汽直接进入表内弹簧管,导致压力表损坏甚至失灵。

(2)应定期校核压力表指示是否准确,如指示压力值超过精度,应查明原因。

(3)要经常检查、观察存水弯管上的旋塞是不是在压力表工作位置上。

(4)压力控制器接管的疏通要在停炉、停电、无蒸汽压力且常温时进行。疏通时可旋开压力控制器连接螺母,用细铁丝疏通,一般视水质情况一至两个月一次;当使用中发现压力控制与原来设定值有变化或失灵时,分清是电气控制问题还是压力调整、压力控制开关处漏汽或汽管受阻问题,应认真修复调整。

(5)为了使操作人员随时警惕锅炉发生超压事故,安装的压力表在使用前,应在刻度盘上画红线明确指示出锅炉最高容许工作压力。

(二)安全阀

(1)为了防止安全阀阀芯和阀座粘住,应定期做手动排汽试验,操作时要轻抬轻放。

(2)要注意检查安全阀的铅封是否完好。

(三)水位表、水位控制装置

(1)水位表每班至少冲洗一次,汽水旋塞必须在全开位上。

(2)对水位传感器装置要做到每班一次排污。同时定期检查自动进水及低水位报警和联锁是否正常。

五、水质处理

(一)水质处理方法

采取行之有效的炉外化学水处理;定期进行给水、炉水化验并做记录;保证水处理设备的正常运行。

(二)锅炉排污

1.排污的操作方法

对于同时具有底部定期排污和表面连续排污两种装置的锅炉,定期排污每班至少一次,连续排污阀门保持一定的开度。每隔1~2 h,取锅水水样一次,分析总碱度、pH值、溶解固形物(或氯离子),与标准相对照,如某项超标,则适当加大连续排污阀门的开度或加强定期排污,再取样分析,直至各项合格。

定期排污最好是在锅炉低负荷或停止用汽时进行,因为这时锅水中的泥渣、污垢易沉积在锅筒的底部,排污效果好。排污前应调整锅内水位比正常水位高30~50 mm,并检查水位表的指示,在确定确无差错后方可进行排污。排污时,炉膛燃烧工况应减弱,并由两人进行操作,一人监视水位,一人操作排污阀。

排污的原则是:勤排、少排、均衡排。每次排污的时间间隔要大体均衡,且所有的排污阀均应进行排污。排污应短促间断进行。每组排污阀的排污时间一般20~30 s即可。排污时,排污阀应开后即关、关后即开,重复2~3次,以便吸引垢渣迅速流向排污口,并使水流形成振荡,强化排污效果。

在排污阀的操作上,应先开斜截止阀或闸阀,然后再开快速排污阀,而且先开的阀门后关,后开的阀门先关。重点应保护先开后关的斜截止阀或闸阀。

锅炉排污量应根据水质要求通过计算确定,通常不超过蒸发量的5%~10%,排污后,应进行全面检查,确保各排污阀关闭严密。

2.排污的注意事项

(1)排污应缓慢进行,防止水冲击。如果管道发生严重振动,应停止排污,在消除故障之后再进行排污。

(2)在开启排污阀时,如排污阀开关不动(锈蚀、失灵),不得用加长扳手的方法或用锤击的方法强制排污。排污后,过一段时间,触摸排污阀后的管子是否发热。如果发热,表示排污阀有泄漏,应查明原由,及时消除。

(3)排污结束后在两个阀门之间若存有积水,在下次排污时,容易产生水击。所以,要求在排污后,稍开远离锅筒或集箱的排污阀放尽积水后再关闭。

(4)一台锅炉有多处排污点时,不得使两个或更多排污点同时排污,而应对所有排污点轮流排污。不得只排某一部分,而长期不排另一部分,造成锅水品质恶化或部分排污管堵塞。每一循环回路的排污持续时间,当排污阀全开时不宜超过 30 s,以防排污过分干扰水循环而导致事故。

(5)如果两台以上的锅炉使用同一根排污总管,而锅炉排污管上又无逆止阀,禁止两台锅炉同时排污,以防止排污水倒流入相邻锅炉内。

第四节　锅炉停炉及保养

一、停炉

锅炉从正常工作状态到停止运行再到冷却状态的过程称为停炉。停炉是一个压力下降和设备冷却的过程,与点火过程相同,若冷却速度太快,会使各工作部件因温度不均匀而产生较大的热应力,从而使锅筒和管子变形甚至弯曲,管子的焊口或胀口受到严重损坏。因此,除紧急停炉外,停炉时应控制冷却速度。

锅炉停炉一般分为正常停炉和紧急停炉两种情况。

(一)正常停炉

正常停炉,即有计划停炉。经常遇到的是锅炉定期检修、节假日期间或供暖季节已过,需要停炉。

1. 锅炉熄火

停炉前,在锅炉燃气(燃油)流量调节阀关闭后,先关闭供气(供油和回油)干管上的切断阀,开启锅炉燃气管路系统的排空阀,然后关闭各运行燃烧器的供气(供油和回油)切断阀。此时,应仔细检查各切断阀是否已关闭严密,严防燃气漏入炉膛。

炉膛停火后,引风机至少要持续引风 5~10 min 以上才能关闭引风机。同时停炉后应立即将风门、灰门等关闭,以防止冷空气侵入炉膛,使炉温急剧下降。此外,燃油锅炉停炉后,为了防止油管内存油凝结,应采用蒸汽吹扫管道,但严禁向无火焰的炉膛内吹扫存油。

2. 降负荷、解列

锅炉从减弱燃烧开始,蒸汽流量就逐渐降低,相应地给水流量也要减少,但应维持锅筒水位略高于正常水位。锅炉熄火后,蒸汽流量进一步降低,汽压也随之下降,但不会低于蒸汽母管的压力。当蒸汽流量表指示接近零时,可将锅炉主蒸汽阀门慢慢关闭,然后将蒸汽母管前的切断阀关闭。至此,停运的锅炉脱离蒸汽母管,称为并列运行锅炉的解列。解列后,为了冷却过热器,可将对空排气阀和过热器出口疏水阀打开 30~50 min 后关闭,同时将锅炉主蒸汽管与蒸汽母管前切断阀之间管道上的疏水阀全部打开。为了冷却省煤器,停止进水后必须开启省煤器再循环阀门或将烟、汽引至旁通烟道,同时应关闭连续排污阀。

3. 冷却、换水

锅炉解列后,进入冷却阶段。为了避免急剧冷却,停炉后的 4~6 h 以内锅炉应处于密闭状态,不允许冷风进入,也不允许上水、放水。4~6 h 以后,可以打开各炉门及引风机挡板,进行自然通风冷却,并换水一次。8~10 h 后,如水温仍超过 100 ℃,再次进行换水。以后每 2~4 h 换水一次。18~24 h 后,当炉水温度不超过 70~80 ℃时,就可以放尽炉水。当压力低于 0.2 MPa 时,应开启饱和蒸汽管道上的空气阀。若无空气阀,可将锅筒的一个安全阀抬起来,以便放掉炉水。

(二)紧急停炉

紧急停炉,是指在锅炉运行过程中发生危及锅炉安全运行时采取的停炉方式,因此又称为事故停炉。

蒸汽锅炉在运行中,遇有下列情况之一时,应立即停炉:

(1)锅炉水位低于水位表最低可见边缘时。

(2)不断加大给水及采取其他措施,但是水位仍然继续下降时。

(3)锅炉满水,水位超过最高可见水位,经过放水仍然不能见到水位时。

(4)给水泵失效或者给水系统故障,不能向锅炉给水时。

(5)水位表、安全阀或者装设在汽空间的压力表全部失效时。

(6)锅炉元(部)件损坏,危及锅炉运行操作人员安全时。

(7)燃烧设备损坏、炉墙倒塌或者锅炉构架被烧红等,严重威胁锅炉安全运行时。

(8)其他危及锅炉安全运行的异常情况时。

热水锅炉在运行中遇有下列情况之一时,应立即停炉:

(1)循环不良造成锅水汽化,或者锅炉出口热水温度上升到与出口压力下相应饱和温度的差值小于 20 ℃时。

(2)锅水温度急剧上升失去控制时。

(3)循环泵或补给水泵全部失效时。

(4)压力表或安全阀全部失效时。

(5)锅炉元件损坏、危及运行操作人员安全时。

(6)补给水泵不断补水,锅炉压力仍然继续下降时。

(7)燃烧设备损坏、炉墙倒塌或者锅炉构架被烧红等,严重威胁锅炉安全运行时。

(8)其他异常运行情况,且超过安全运行允许范围。

锅炉运行中所遇到的紧急情况的性质不同,紧急停炉的操作也有所不同:如锅炉发生严重缺水事故,需要很快地熄火;发生过热器爆管事故,需要很快地冷却。一般紧急停炉的操作原则是迅速熄灭炉火。紧急停炉的操作如下:

(1)立即停止添加燃烧和送风,减弱引风,与此同时,设法熄灭炉膛内的火焰。

(2)灭火后,关闭主汽阀,将锅炉与总汽管隔断。将炉门、灰门及烟道挡板打开,以加强通风冷却,并停止引风。

(3)打开空气阀或安全阀排汽降压,并采用进水、排污交替的方法更换锅水,当锅水冷却至 70 ℃左右时允许排水。

(4)因缺水紧急停炉时,严禁向锅炉上水,并不得开启空气阀或提升安全阀快速降压。

(5)因满水事故紧急停炉时,应立即停止给水,减弱燃烧并打开排污阀放水,同时开启蒸汽管道、过热器、分汽缸等处疏水阀,防止发生水冲击。

(6)因爆管事故紧急停炉时,除引风机不能停,以尽快排出炉膛内烟、汽外,若水位能维持,应保持进水或采用进水、排污方法迅速冷却降压。

(7)因炉膛爆炸事故紧急停炉时,引风机不能停,以尽快排出炉内的烟、汽,防止其喷出伤人。

热水锅炉紧急停炉过程中,不得停止循环水泵的运行。因循环水泵失效而紧急停炉时,应对锅水采取降温措施,如依靠自来水的压力(或水箱压力)将冷水压入上水阀门锅内,同时打开锅炉顶部泄放管上的放水阀门放水。

二、停炉保养

锅炉停炉后的保养,主要是为了防止锅炉腐蚀。在停炉期间,造成腐蚀的主要原因是金属面的潮湿及空气的存在,因此只要保持金属面干燥或金属面与空气(氧气)隔离,就能有效地防腐。常用的停炉保养方法有压力保养、干法保养、湿法保养等。

(一)压力保养

压力保养适用于停炉不超过一周的锅炉,利用锅炉中的余压(0.05~0.1 MPa),保持炉水温度稍高于100 ℃,既能使炉水中不含氧气,又可阻止空气进入锅筒。为了保持炉水温度,可以定期在炉膛内生微火,也可以定期利用相邻的锅炉蒸汽加热。

(二)干法保养

干法保养是指在锅内及炉膛内放置干燥剂进行防护的方法,适用于长期停用的锅炉或季节使用的采暖锅炉。其方法如下:

(1)锅炉停止使用后,将其内部水垢、铁锈和外部烟灰清理干净,用微火将锅炉烘干。

(2)将盛有干燥剂的无盖盆子放置于停用锅炉的锅筒和炉胆内,并将汽水系统和烟火系统与外界严密隔绝,封闭人孔、手孔。

(3)干燥剂一般使用无水氧化钙或生石灰。其需用量可根据锅炉容量进行计算。如用块状无水氧化钙,为1.5~2 kg/m^3;如用生石灰,则为2~3 kg/m^3。

(4)为了保证干法保养的效果,应定期打开人孔进行检查,如发现干燥剂已成粉状,失去吸湿能力,则应更换新的干燥剂。

(三)湿法保养

湿法保养是在汽水系统中灌注碱性溶液,利用碱液和金属作用生成的氧化物保护膜来防止锅炉金属的腐蚀。湿法保养适用于停炉不超过一个月的锅炉,其方法如下:

(1)停炉后,首先将锅炉受热面内外污垢、烟灰清除干净,截堵与外界相连接的管路。

(2)将锅炉内灌满软化水。如无软化水,可灌入生水,但每吨进水中应加入2 kg氢氧化钠,或5 kg磷酸三钠,或10 kg碳酸钠。药品要溶化为液体灌入。

(3)当软化水或加药后的生水灌满后,应加热至105 ℃,以排除水中的气体。然后,将锅炉所有门孔关闭,且不得有任何渗漏。

(4)保养期间,应使软化水或碱性生水保持充满状态,防止空气漏入。

第八章　燃油燃气锅炉常见事故

第一节　锅炉事故分类

一、运行锅炉事故的分类

锅炉运行中,因锅炉受压部件、安全附件、辅助设备发生故障或损坏,以及因运行人员工作失职或违反锅炉运行操作规程,使锅炉受到损伤而被迫停炉或被迫突然降参数运行而引起系统出现设备故障称为锅炉事故。

锅炉事故按锅炉设备的损坏程度,可分为爆炸事故、水系统事故、炉管爆破事故、二次燃烧等。

二、《特种设备安全监察条例》中有关锅炉事故的分类

第六十一条 有下列情形之一的,为特别重大事故:

(1)特种设备事故造成30人以上死亡,或者100人以上重伤(包括急性工业中毒,下同),或者1亿元以上直接经济损失的;

(2)600兆瓦以上锅炉爆炸的。

第六十二条 有下列情形之一的,为重大事故:

(1)特种设备事故造成10人以上30人以下死亡,或者50人以上100人以下重伤,或者5 000万元以上1亿元以下直接经济损失的;

(2)600兆瓦以上锅炉因安全故障中断运行240小时以上的。

第六十三条 有下列情形之一的,为较大事故:

(1)特种设备事故造成3人以上10人以下死亡,或者10人以上50人以下重伤,或者1 000万元以上5 000万元以下直接经济损失的;

(2)锅炉、压力容器、压力管道爆炸的。

第六十四条 有下列情形之一的,为一般事故:

(1)特种设备事故造成3人以下死亡,或者10人以下重伤,或者1万元以上1 000万元以下直接经济损失的。

第二节　爆炸事故

爆炸事故是指锅炉在使用中或压力试验时,受压部件发生破坏,设备中介质蓄积的能量迅速释放,内压瞬间降至外界大气压力而引发的事故。还有一种爆炸事故是炉膛爆炸,可燃气体在炉膛积聚,当浓度达到爆炸范围(上、下限之间),又遇到激发能源(如电火花、

明火等)时,就会发生爆炸事故。

一、爆炸的征状

(一)受压部件发生破坏引起的爆炸

因锅炉压力瞬间降至大气压,锅内高温水大量汽化,形成白色蒸汽云和强大的气浪冲击波,引起玻璃震碎,甚至房屋倒塌。伴随锅炉爆炸,会有金属撕裂声和气体急剧膨胀的爆破声。锅炉往往会被气浪推离原地。

(二)炉膛爆炸

发生炉膛爆炸时,发出沉闷的轰鸣声。火焰从看火门、拨火门等处向外喷,炉墙可能发生开裂、胀出,甚至倒塌。防爆门动作。

二、爆炸的原因

(一)受压部件发生破坏引起的爆炸

(1)超压。使受压元件应力超过强度极限而破裂。

(2)超温。使受压元件材料超过其允许使用温度,强度下降或在严重缺水的情况下进水而开裂。

(3)磨损、腐蚀。磨损使受压元件材料减薄,承压能力降低而失效。

(4)裂纹。在长期运行中,锅炉因启停频繁或压力、负荷波动频繁,产生疲劳开裂;因结构不合理引起应力集中或承受弯曲应力而开裂。

受压部件发生破坏引起的爆炸主要由以下两个方面原因造成:

(1)先天性缺陷。设计制造不良,安装、改造质量不好,结构不合理,材质不符合要求,焊接质量不好,使受压元件强度不够,或没有足够的泄压装置。

(2)运行管理不善。安全附件不全、不灵;操作人员违章操作;设备没有进行定期检验,不能及时发现和消除隐患(如裂纹、腐蚀等),带“病”运行;无水处理设施或水处理不好等。

(二)炉膛爆炸的原因

可燃气体在炉膛积聚是炉膛爆炸的主要原因,具体有以下几点:

(1)燃气锅炉因煤气杂质堵塞而熄火,重新点火前未按操作规程引风足够长的时间。

(2)燃油锅炉无熄火保护装置和点火程序控制装置,或者装置失灵后,盲目点火。

(3)燃油锅炉无断电保护装置,当突然停电时,油泵与风机同时停运,送电正常后燃油大量喷入炉膛。

三、爆炸事故的处理

(一)受压部件发生破坏引起的爆炸事故的处理

(1)锅炉发生爆炸,首先是避免人员的伤亡,除现场受伤人员应及时抢救外,其他人员应暂时撤离。

(2)切断锅炉的电源,停止燃料的供应。

(3)保护事故现场,并立即向有关部门报告,等待事故的调查。

(二)炉膛爆炸事故的处理

(1)立即切断燃料供应,停止鼓风机、引风机,关闭烟道门。

(2)有条件的可向炉膛通入蒸汽或二氧化碳进行灭火。

(3)调节锅炉水位至正常,对炉膛、炉墙进行检查修复。

第三节　水系统事故

一、缺水事故

锅炉运行中,当水位低于水位表最低安全水位刻度线时,即形成了缺水事故。

(一)锅炉缺水征状

(1)水位表中看不见水位,这时水位表内充满蒸汽,水位表显现白亮色。

(2)高低水位警报器发出低水位警报。

(3)有过热器的锅炉,过热蒸汽温度急剧上升。

(4)严重时可闻到焦味。

(二)常见的缺水原因

(1)操作人员对水位监视不严,当锅炉负荷增大时,未能及时调整进水量。

(2)水位表安装不正确,水连管不能向锅筒自动流水;水位表没有按规定冲洗,造成汽水连管堵塞;水位表冲洗后汽水旋塞未恢复到正常位置,形成假水位,这时水位表虽有水位,但水位不波动, 操作人员如不能识别假水位,就会判断失误。

(3)给水自动调节失灵;给水设备发生故障或水源突然中断。

(4)给水管道堵塞或破裂,给水系统阀门损坏,进不去水;并列运行的锅炉进水管路设计不合理,发生"抢水"现象,使水泵远端锅炉进水量不足。

(5)排污阀损坏或排污后忘记关闭。

(6)炉管或省煤器管破裂。

(7)对由汽水共腾、安全阀开启、负荷剧增引起的水位升高,判断和处理不当。

(三)缺水事故的处理

校对各水位表所指示的水位。经检查确认水位表中水位低于最低可见边缘时,应采取停炉措施,关闭鼓、引风机,停供燃料,停止向锅炉进水。

通过"叫水"法,判断缺水的程度。"叫水"操作的程序是:开启水位表放水旋塞,使水位表得到冲洗。关闭汽连管的汽旋塞,然后缓慢关闭放水旋塞。观察水位表内是否有水位出现。此时,因为水位表汽旋塞是关闭的,水位表上部没有压力,锅炉的水位如果不低于水连管管孔,由于锅炉内有压力,就会将水压进水位表,使水位表内出现水位,表明是轻微缺水。但如果经过"叫水",水位表内仍见不到水位,表明是严重缺水。

必须注意,"叫水"法只适用于锅炉结构合理,水位表的进水孔高于最高火界的锅炉。

1. 轻微缺水的处理

关小主汽阀,减弱燃烧。这是为了减少蒸汽用量,以减缓水位下降的速度。缓慢向锅炉进水,至锅炉水位表显示正常水位后停止进水。

观察水位变化情况。如果水位很快下降,则说明缺水是由于排污阀损坏或爆管等原因引起的,而且水位保不住,这时必须停炉检修。如果水位能稳住,则可以逐渐加大鼓、引风,增加燃料,逐步恢复燃烧。

待压力正常后再缓慢开大主汽阀,恢复正常供汽。

2. 严重缺水的处理

(1)判明严重缺水后应紧急停炉。对于燃油燃气锅炉应立即停止燃料供应,停止燃烧。这时禁止向锅炉内进水。

(2)待炉水冷却至70 ℃以后,放出炉水,打开人孔、手孔,对锅炉进行检验、鉴定。

(3)经检验,锅炉损伤不严重,无严重鼓包、变形,仅烟管管头渗漏,则可补焊合格后再恢复运行。

(4)经检验,锅筒严重鼓包、变形或金相组织有明显过烧现象,则应采用挖补等方法修复。

二、满水事故

锅炉水位高于水位表最高安全水位刻度线时,称为锅炉满水事故。满水会造成蒸汽大量带水,从而会使蒸汽管道发生水击;降低蒸汽品质,影响正常供汽;在装有过热器的锅炉中,还会造成过热器结垢、淬火或损坏。

(一)锅炉满水征状

(1)水位高于最高安全水位或水位表见不到水位,这时因水位表充满水,比较暗,不像缺水充满蒸汽时白亮。

(2)高低水位警报器发出高水位警报,且连续报警。

(3)有过热器的锅炉,过热蒸汽温度明显下降。

(4)蒸汽管道发生水击,法兰连接处冒汽滴水。

(二)满水事故的原因

(1)司炉工疏忽大意,对水位监视不严或无人监视。

(2)给水自动调节失灵,到高水位时不能自动停止给水。

(3)给水阀泄漏或忘记关闭,因水源水压高,自动向锅内进水。

(4)水位表放水旋塞泄漏或水连管堵塞,造成假水位,引起操作人员判断失误。

(三)满水事故的处理

(1)校对各水位表所指示的水位,正确判断是满水还是缺水:当水位表看不见水位时,开启水位表放水旋塞,如有锅水流出,表明是满水事故;如只有汽而没有水则是缺水事故。

(2)判断满水程度。关闭水位表水连管旋塞,开启放水旋塞,观察水位表水位出现情况。如果看到水位从水位表上部可见边缘出现,并缓慢下降,则属于轻微满水。如果只看到放水管有水放出而看不到水位表上部可见边缘有水位出现,则属于严重满水。

(3)轻微满水的处理。减少燃料和通风,减弱燃烧。将给水自动调节器改为手动,关闭或关小给水阀,减少或停止给水。开启排污阀放水,同时严密注意水位表水位变化,待水位降到正常水位线后,关闭排污阀,注意检查排污阀是否关严。开启主汽管、分汽缸和蒸汽管路上的疏水阀，放出冷凝水。恢复正常燃烧，待疏水阀全部冒出蒸汽后，关闭疏水阀，恢复正常供汽。

(4)严重满水的处理。应紧急停炉，然后放出炉水，检查过热器、管道、阀门有无因满水而损坏，必要时应对过热器进行反冲洗，消除过热器内的锅水。

三、汽水共腾

锅炉内蒸汽和锅水共同升腾，锅水表面产生大量泡沫，汽水分界模糊不清，使蒸汽大量带水的现象称为汽水共腾。

(一)汽水共腾的征状

(1)水位表内水面剧烈波动，水位看不清。这时水位表内也充满泡沫，水位表比满水时亮。

(2)高低水位警报器发出高水位警报，但警报声时断时续，不像满水事故时连续报警。

(3)蒸汽管路发生水击，法兰向外冒汽。

(4)过热蒸汽温度下降。

(5)饱和蒸汽湿度和含盐量迅速增加。

(二)汽水共腾的原因

(1)锅炉水质不良，给水中含油，锅水的碱度与含盐量过高，使锅水表面生成泡沫。

(2)锅炉排污不足，锅水内水渣量过大。

(3)锅炉水位过高，又超负荷运行，使锅筒内水汽混合物增多，水汽分离困难。

(4)锅炉操作不当，主汽阀开启过猛。

(三)汽水共腾的处理

关小主汽阀，减少燃料和通风，减弱燃烧。开大表面排污阀，适当开启定期排污阀，同时加强给水，保持正常水位，改善锅水品质。开启过热器、分汽缸、蒸汽管路上的疏水阀。增加锅水的监测分析次数，根据化验结果指导锅炉排污，直到锅水碱度、含盐量达到《工业锅炉水质》(GB/T 1576—2018)的标准后再停止换水。在水质和水位正常后，再恢复燃烧，逐步恢复供气。

四、水击事故

水击是由于蒸汽或水突然产生的冲击力，使锅筒或管道发生冲击或振动的一种现象。

(一)水击征状

发生水击时，管道和设备发出冲击响声，压力表指针摆动。严重时，管道及设备都会发生强烈振动，使保温层脱落，螺栓断裂，甚至破坏管路系统。

(二)水击事故的原因

水击的根本原因是气(汽)水共存。因为气体是可压缩的，而水则基本不能压缩，当水与气体共存时，气体受压缩后体积缩小。水与蒸汽共存时，蒸汽冷凝后会出现局部真空，这时周围的水向真空处补充，发生剧烈撞击，产生巨大的声响和振动。所以，水击现象可以发生在一切有气(汽)水共存的场合。

1. 锅筒水击原因

(1)给水管道止回阀不正常或锅内水位低于进水管,使蒸汽倒流至进水管内。

(2)长时间停止向锅炉进水,在省煤器通向锅炉的管道内积存了蒸汽泡。

2. 给水管道水击原因

(1)给水管倒流进蒸汽或进水管内存有空气。

(2)给水泵运行不正常或给水止回阀失灵,引起水压剧烈波动。

3. 蒸汽管道水击原因

(1)送汽前未进行暖管和疏水。

(2)送汽时主汽阀开启过快或过大。

(3)因满水、汽水共腾、负荷增加过急等造成蒸汽大量带水。

4. 省煤器水击的原因

(1)锅炉升火时未排除省煤器内的空气。

(2)非沸腾式省煤器产生蒸汽。

(3)省煤器入口给水管道上止回阀动作不正常,引起给水惯性冲击。

(三)水击事故的处理

消除水击的唯一方法就是使水汽(气)分离。

1. 锅筒内水击处理

一般是调整锅炉水位,如水位过低,可适当提高;进水尽量均匀,检修进水止回阀。

2. 给水管道水击处理

开启管道上的空气阀,排除给水管道内的空气和蒸汽,检查给水泵和给水止回阀,使其工作正常。

3. 蒸汽管道水击的处理

打开蒸汽管道上的疏水阀,排尽管内冷凝水,待所有疏水阀都冒出蒸汽后关闭疏水阀。

4. 省煤器水击的处理

开启空气阀,排除空气或蒸汽。非沸腾式省煤器发生水击,开启旁路烟道,关闭主烟道。

第四节　爆管事故

管子爆管是锅炉运行中常见的也是性质严重的事故。爆管后燃烧不稳,汽压、水位不容易维持,且爆管会损坏邻近的管壁,冲塌炉墙,使事故扩大。爆管会发生在水冷壁、对流管、过热器和省煤器上。

一、炉管爆破事故

(一)炉管爆破征状

(1)水冷壁或对流管破裂时,会有水汽冲出的“嘶嘶”声。破口不大时,只有在鼓风机、引风机停下来时,靠近爆管的炉墙附近才可以听到;当破口严重时,则会发出明显的爆破响声。

(2)破口严重时,水位、蒸汽压力不能维持。

(3)烟囱冒白烟,引风机电流增大。

(二)炉管爆破的原因

(1)水质不良,引起炉管结垢或腐蚀。结垢使传热恶化,炉管金属壁超温,强度下降;腐蚀使管壁减薄,最后穿孔、爆破。

(2)制造、安装质量差,特别是焊接不良,常会造成焊口爆破。

(3)材质不良。管子有夹层、夹渣、分层或轧制时有机械损伤。

(4)水循环破坏。既有设计制造原因(如蒸发受热面角度太小,造成汽水分层),也有使用维修不当原因(如检修中有杂物掉进管内造成管子堵塞)。局部结焦,热负荷不均匀,造成部分炉管水循环停滞甚至倒流。由于水循环破坏,炉管冷却不好,就会超温。

(5)严重缺水。管子缺水部分会因过热、强度降低而发生破裂。此外,有时排污未按规定进行,造成集箱局部堆积渣垢,使水冷壁管供水不足,也会由于超温而发生爆管事故。

(三)炉管爆管的处理

(1)炉管轻微破裂,水位尚能维持,可以暂时降压运行,适当降低负荷,待做好锅炉检修准备后再停炉检修。

(2)如炉管爆破后,水位、蒸汽压力不能维持,或者炉管爆破缺口正对其他管子,不及时处理会使其他管子连续爆破,造成事故迅速扩大时,应紧急停炉。

(3)停炉后引风机继续运行,待炉烟蒸汽排尽后再停引风。

二、过热器管爆破事故

(一)过热器管爆破的征状

(1)破口附近有蒸汽喷出的响声。

(2)蒸汽流量不正常地下降,严重时过热蒸汽压力下降。

(3)排烟温度显著下降,烟囱冒白烟,引风机电流增大。

(二)过热器管爆破的原因

(1)水质不良,引起汽水共腾,或水位过高,汽水分离装置失效等原因,造成蒸汽大量带水,使过热器管内积盐、结垢、传热恶化,管壁超温。

(2)点火、升压或长期低负荷运行时,过热器内蒸汽流量不够,造成管壁过热。

(3)停炉或水压试验后,未放尽管内存水,特别是垂直布置的过热器,下部弯头部位容易因积水而严重腐蚀,管壁减薄甚至穿孔。

(4)制造、安装质量差。制造时管材质量不合格或焊接质量差;安装时管距未校正,造成局部烟气短路。

(5)燃烧控制不好,燃烧中心偏高,使过热器处烟温过高。

(三)过热器管爆破的处理

(1)过热器管轻微破裂,不致引起事故扩大时,可维持短时间运行,待备用锅炉投入运行后再停炉检修(单炉运行的锅炉,待做好检修准备后再停炉)。

(2)过热器管爆管严重时,应紧急停炉。

三、省煤器管爆破事故

(一)省煤器管爆破的征状

(1)锅炉水位下降,给水流量不正常地大于蒸汽流量。

(2)省煤器附近有泄漏响声,炉墙缝隙及下部烟道门处向外冒汽、滴水。

(3)烟囱冒白烟,排烟温度下降,引风机负荷增加,电机电流增大。

(二)省煤器爆管的原因

(1)给水不除氧或除氧器运行不正常,使给水含氧量较高,省煤器管被氧腐蚀。

(2)给水温度偏低,排烟温度低于露点,使省煤器管外壁受到酸性腐蚀(燃料含硫量越高,这种腐蚀就会越严重)。

(3)省煤器管材质不好或在制造、安装、检修过程中存在缺陷,铸铁省煤器存在铸造缺陷。

(4)锅炉升火过程没有打开再循环管或旁路烟道,使管壁过热烧坏。

(5)非沸腾式省煤器产生蒸汽,引起水击。

(6)给水温度和流量变化频繁,使省煤器管忽冷忽热产生疲劳裂纹。

(三)省煤器爆管的处理

(1)对于沸腾式省煤器,如果爆破口不大,水位还能维持,则可以加大给水量,关闭所有的放水阀门和再循环阀门,继续运行至备用锅炉投运后再停炉检修。如果事故扩大,水位不能维持,应紧急停炉。

(2)对于非沸腾式省煤器,发生爆管,可以打开旁路烟道,关闭主烟道,将省煤器解列,同时打开省煤器旁路进水管阀门向锅炉进水。如果省煤器烟道进出口挡板很严密,可对省煤器进行不停炉检修。

注意:当省煤器被隔绝后,排烟温度会升高,为保证引风机安全运行,应控制排烟温度在引风机铭牌规定的工作温度之下,否则应降低负荷运行。

四、空气预热器管损坏事故

(一)空气预热器管损坏的征状

(1)烟气中混入大量空气,使引风机负荷增大,排烟温度下降。

(2)送风量明显不足,燃烧工况突变,甚至不能维持燃烧,锅炉负荷降低。

(二)空气预热器管损坏的原因

(1)排烟温度低于露点,使管壁产生酸性腐蚀。

(2)材质不良。

(3)局部堵灰或烟道内可燃物与积炭在空气预热器处二次燃烧,造成部分空气预热器管过热烧坏。

(三)空气预热器管损坏的处理

(1)如果管子损坏不严重,又不致使事故扩大,可维持短时间运行,待备用锅炉投入运行后再停炉检修。

(2)如有旁路烟道,可打开旁路烟道,关闭主烟道使空气预热器隔绝。

注意:此时排烟温度不能超过引风机铭牌的规定,否则应降低负荷。

(3)如管子损坏严重,难以维持正常燃烧,则应停炉检修。

第五节　二次燃烧、锅炉熄火

一、二次燃烧

沉积在锅炉尾部烟道内的可燃物(积炭、油垢等)再次发生着火燃烧的现象称为二次燃烧。发生二次燃烧时会使排烟温度异常升高,可能烧毁空气预热器、引风机。

(一)二次燃烧的征状

(1)排烟温度急剧上升,烟囱冒黑烟,严重时,金属烟道外壳呈暗红色,烟道不严密处有火苗蹿出。

(2)有空气预热器的锅炉,热风温度不正常地升高。

(二)二次燃烧的主要原因

(1)燃油燃气锅炉燃烧调整不当,配风不足或配风不合理。

(2)油枪雾化不良,停炉或锅炉灭火时,油枪阀门关不严而严重漏油。

(3)启、停炉过程中,炉膛温度过低,使燃油未燃尽即被带出炉膛。

(4)引风过大,使燃烧室负压过大,将未燃尽的燃料带入烟道。

(5)长期不停炉清扫尾部烟道,使尾部烟道积存一定量的油垢和炭黑。

(6)烟道或空气预热器漏风。

造成尾部烟道二次燃烧,首先是尾部烟道有沉积的可燃物,同时又具备一定量的空气和温度。所以,当烟气中含氧量较高、烟温较高(或遇明火)时,在沉积可燃物的烟道内就可能发生二次燃烧。

(三)二次燃烧的处理

(1)立即停炉,停止燃料供应,关闭风机和各烟道门及烟道挡板。

(2)使用蒸汽灭火装置、二氧化碳灭火器、泡沫灭火器等向烟道喷洒灭火,但不应用水灭火。

(3)加强省煤器保护,打开省煤器再循环管阀门。

(4)当排烟温度接近喷入的蒸汽温度或小于 150 ℃并稳定 1 h 以上时,可打开检查孔进行检查,确认已无火源后,可打开引风机通风降温。

(5)当烟道内温度下降到 50 ℃以下时,方可进入烟道内检查尾部受热面,同时彻底清除烟道内的油垢、炭黑。如未烧损,可重新点火启动;否则应更换或修复烧损的部件后再投入运行。

(6)如果炉墙坍塌或有其他损坏,影响锅炉正常运行,应紧急停炉。

二、锅炉熄火

(一)锅炉熄火的征状

(1)燃烧室变暗,看不见火焰。

(2)火焰监视器发出灭火信号(炉头故障红灯亮起)。

(3)蒸汽压力及流量下降。

(二)事故的原因

(1)机械杂质或结焦造成喷燃器堵塞。

(2)燃油、燃气中带水过多。

(3)配风不当,风量过大将火吹灭。

(4)炉膛四周水冷壁管爆破或炉胆烧穿。

(5)供油、供气压力过低。

对于燃油锅炉,锅炉熄火还有如下原因:

(1)油温过高,使油泵入口油部分汽化,造成油泵抽空,供油中断。

(2)油泵故障、油箱油位过低、油黏度过大等使油泵进油中断。

(3)过滤网堵塞或进油阀阀芯脱落,使油压下降。

(4)油管破裂,严重漏油或因回油阀错误操作突然开大,使油压骤降。

(5)不同的油品混贮,在油罐内发生化学反应生成沉淀,堵塞油路。

(三)事故的处理

当发生炉膛熄火时,应立即切断燃油、燃气的进油、进气总阀,关闭回油阀,保持锅炉水位正常,待查明原因和消除故障后才能重新点火。

注意:在重新点火前必须按操作规程通风足够时间。

第九章　锅炉常见故障处理

第一节　锅炉主要安全附件的故障及处理

一、压力表的故障及处理

(一)常见故障

压力表常见故障有指针不动、指针回不到零位、表内漏汽等。其产生的原因如下:

(1)指针不动的原因可能是:三通旋塞未打开或开启位置不正确;连接管或存水弯管或弹簧管内被污物堵塞;指针与中心轴松动;弹簧管与支座的焊口有裂纹而渗漏;扇形齿轮与小齿轮脱开。

(2)指针回不到零位的原因可能是:三通旋塞未关严;弹簧管失去弹性或部分失去弹性;游丝失去弹性或游丝扣脱落;游丝弹簧紊乱;存水弯管内积有水垢;弹簧弯管自由端与拉杆结合的铰轴不活动,有续动现象;扇形齿轮、小齿轮及铰轴生锈或有污物;调整螺钉松动,改变了拉杆的固定位置;可能受周围高频振动的影响。

(3)表内漏汽的原因可能是:弹簧管有裂纹;弹簧管与支座焊接质量不良;有渗漏现象。

(二)处理方法

(1)压力表指针不动,可将阀门拆除,更换成三通旋塞,并将三通旋塞置于正确位置;存水弯管堵塞时,可用蒸汽吹洗通道,如仍无效,则可拆下清洗;若因弹簧管与支座的焊口有裂纹而渗漏,应取下压力表进行修理或更换新表。

(2)压力表指针不回零的处理。因三通旋塞位置不正确时,应进行调整;存水弯管或三通旋塞堵塞时,应用蒸汽吹洗或更换新件;弹簧管失去弹性、压力表调整螺钉松动、游丝失去弹性或游丝扣脱落、指针弯曲或卡住时,应更换压力表。

(3)压力表内漏汽时,应立即更换压力表。

二、安全阀的故障及处理

(一)主要故障

运行中锅炉安全阀的主要故障有经常漏汽、关闭不严、达到开启压力却不开启、没有达到开启压力却自动开启及阀芯回座迟缓等。

(二)故障原因及处理方法

1. 经常漏汽的主要原因及处理

经常漏汽的主要原因有:阀座和阀芯结合处磨损、积垢;弹簧变形;杠杆上的重锤位置移动;阀座或阀芯支承面歪斜;杠杆或阀杆歪斜等。

处理方法主要有:更换阀座或阀芯,吹洗安全阀,清除杂物;更换新弹簧,重新找准重锤位置;校验杠杆位置,使其垂直运动;正确安装排汽管并清理锈渣等。

2. 达到开启压力却不开启的主要原因及处理

当因重锤向杠杆尽头移动,致使弹簧收得太紧时可调整重锤位置,适当放松弹簧;因阀座和阀芯生锈,可用扳手缓慢扳动阀体,研磨阀芯和阀座,使其密合;若阀杆与外壳间隙太小,受热膨胀卡住,可适当扩大阀杆与外壳间的间隙;若安全阀安装不当,应拆下重新安装;若阀门入口通道杂物挡住蒸汽或盲板,应清除杂物,除掉盲板;若杠杆上有不当重物,则应去除;有的安全阀与锅筒连接处有阀门或取用蒸汽的管道,也应拆除;因阀座和阀芯密封不好造成漏汽而减弱了作用于阀芯的压力时,应消除漏汽。

3. 没有达到开启压力却自动开启的主要原因及处理

由于杠杆安全阀重锤至阀芯支点距离不够或弹簧安全阀调整螺母没拧到位,应重新正确调整,使弹簧压力重新调到所需值;由于重锤没固定好,应重新固定;因压力表长时间不校验,指示误差增大时,应更换压力表;因弹簧弹性减弱,弹力变小时,应更换弹簧;安全阀拆卸检修后重新装配不符合要求时,应重新装配或更换新件。

4. 安全阀阀芯回座迟缓的主要原因及处理

安全阀技术性能不好,致使回座压力达不到规定值时,应更换安全阀;因弹簧性能降低,或杠杆安全阀开启后重锤有移动时,应更换弹簧或调整安全阀重锤;因安全阀的排汽能力小,降压太慢时,应重新校验或更换安全阀。

三、水位计的故障及处理

(一)水位计的主要故障

水位计的主要故障有:水位计玻璃破裂;水位计水位静止不动,然后又逐渐升高;水位计指示水位高于或低于实际水位;水位计形成假水位;水位计损坏等。

1. 水位计玻璃破裂的原因及处理

因水位计玻璃质量不好或选用不当时,应进行更换;因水位计上下接头中心线不同心,使玻璃管扭断时,应重新校正水位计的上下接头;因玻璃管安装未留膨胀间隙或填料压得太紧引起破裂时,应重新安装,并要注意预留膨胀间隙;因操作不当,如旋塞开得太快等引起破裂,应按正确操作方法操作,投入使用前应先预热,并严格按照水位计的冲洗方法进行定期维护。

2. 水位计水位静止不动,然后又逐渐升高的原因及处理

出现这种情况的主要原因是水旋塞或水连通管内因水垢、泥渣或填料造成堵塞,使水位短时间静止不动。而后随着水位计上部蒸汽不断凝结,水位又逐渐升高。消除这一故障的主要方法是冲洗水旋塞和水连通管或者关闭汽水连通管上的阀门并用铁丝疏通。

3. 水位计指示水位高于或低于实际水位的原因及处理

水位计指示水位高于实际水位的主要原因是汽旋塞漏汽。其处理的方法是旋紧填料压盖。若达不到要求,则应更换旋塞。

水位计指示水位低于实际水位的原因是水旋塞或放水旋塞漏水。其处理方法与处理水位偏高的方法相同。

4. 水位计形成假水位的原因及处理

形成假水位的主要原因是：汽旋塞未打开；汽连通管内积聚污物；汽旋塞堵塞或泄漏；水旋塞或放水旋塞泄漏；炉水含碱量大、起泡沫，从而造成汽水共腾等。

相应的处理方法是：打开汽旋塞；清除汽连通管中的污物；清除汽旋塞中的堵塞物或研磨汽旋塞；研磨水旋塞或放水旋塞；改善炉水品质，加强排污和调整锅炉负荷等。

（二）水位计损坏的处理方法

（1）当锅炉上有两只以上水位计而其中一只损坏时，应立即解列，用完好的水位计严格监视水位。解列损坏的水位计的操作方法是：先关闭水旋塞、汽旋塞，然后开启放水旋塞，再换上新表。

（2）当锅炉上所有水位计都已损坏，但具备以下所有条件时，可允许锅炉暂时运行（一般不超过 2 h）：①给水自动调节器动作灵敏可靠；②给水报警器灵敏可靠；③两只低位水位计的指示正确，并且在 4 h 以内曾与锅炉上的其他水位计校对过，且同时一致。

此时，必须保持锅炉负荷的稳定，并采取紧急措施尽快修好锅炉上的水位计。不具备上述全部条件时，必须立即紧急停炉。事实上很多锅炉运行规程中，为了确保绝对安全，通常都要求操作人员在出现所有水位计都损坏时立即紧急停炉。

（三）水位计玻璃管（板）损坏的处理方法

水位计中的玻璃管（板），在使用中由于安装间隙太小，受热后不能自由膨胀，或者被溅上冷水骤然冷却收缩等原因，都可能发生破裂而损坏，因此必须紧急更换。更换操作步骤如下：

（1）操作者应戴好防护面罩和手套，侧身先关水旋塞，再关汽旋塞，避免被沸水和蒸汽烫伤。

（2）用扳手轻轻旋松玻璃管（板）上下压盖，取出破裂的玻璃管（板），再把上下压盖和上下填料槽中的橡胶填料取出，并清除槽中的玻璃杂物和水垢。

（3）换上新玻璃管（板），玻璃管（板）要垂直放置，不能直接顶在水位计的两端。如果橡胶填料老化，应换新填料。

（4）缓慢拧紧上下压盖螺钉，但不宜拧得太紧，以免阻碍玻璃管（板）受热膨胀。

（5）微开汽旋塞，对新装玻璃管（板）进行预热，待管（板）内有潮气出现时，开启放水旋塞，再稍开水旋塞。然后逐步关闭放水旋塞，将汽旋塞和水旋塞开至正常位置，以保证水位计正常运行。

第二节　锅炉附属设备常见的故障及处理

一、锅炉给水泵的常见故障及处理

锅炉常用的给水泵是离心式给水泵。离心式给水泵的常见故障有：水泵打不出水、出水量减少或扬程降低，轴承过热或损坏，水泵振动或有噪声以及耗电量过大等。

(一)离心泵打不出水

1. 主要原因

如果是离心泵刚启动时就打不出水,主要原因是:水泵或吸水管内有空气没有排尽,或启动后漏入了空气;进水口滤网堵塞或底阀浸入水中的深度不够,或水泵底阀卡死,无法自动开启;吸水管、底阀或泵壳有泄漏,灌不满水,或吸水管阻力过大;水泵叶轮反转或转速太慢或传动带太松。

如果是离心泵在运行中出现打不出水的现象,则主要原因是:水中断;叶轮、吸水管、底阀被污物阻塞;进水管泄漏;给水温度过高,造成泵内给水汽化。

2. 处理方法

排除吸水管和水泵中的空气,消除泄漏并灌满水;加大底阀在水中的深度,检查泵体,并清除污物;检查水泵叶轮转动方向,确保转向正确,并调整转速,拉紧传动带;检查或更换吸水管;控制给水温度在适当值内,避免汽化发生。

(二)离心泵出水量减少或扬程降低

1. 主要原因

离心泵出水量减少或扬程降低主要原因:转速降低;水中有空气或水汽化;水位降低,吸水压力增加;叶轮、吸水管或底阀被污物阻塞或叶轮密封环损坏等。

2. 处理方法

离心泵出水量减少或扬程降低处理方法:提高水泵转速;排除水中空气;向水源增加水量;消除污物及更换密封环等。

(三)离心泵轴承过热或损坏

1. 主要原因

离心泵轴承过热或损坏主要原因:润滑不好,轴承缺油;轴弯曲或轴承损坏;轴承间隙太小或水泵轴与电动机轴同轴度差等。

2. 处理方法

离心泵轴承过热或损坏处理方法:向轴承加润滑油;校正轴或更换轴承;调整轴承间隙;调整水泵轴与电动机轴的同轴度等。

(四)离心泵振动或有噪声

1. 主要原因

离心泵振动或有噪声主要原因:离水泵与电动机同轴度差;叶轮碰外壳;轴弯曲或轴承损坏;进出水管的固定装置松动;吸水高度太大;给水温度高等。

2. 处理方法

离心泵振动或有噪声处理方法:调整水泵与电动机两轴的同轴度;检查泵体,消除碰壳现象;校正或更换轴承,拧紧固定螺栓;降低吸水高度和给水温度等。

(五)离心泵耗电量过大

1. 主要原因

离心泵耗电量过大主要原因:可能是盘根太紧;叶轮损坏或出水量过大等。

2. 处理方法

离心泵耗电量过大处理方法:调整盘根,更换叶轮;降低流量。

二、锅炉风机的运行故障及处理

(一)常见故障

常见故障:风机风压及风量不足;风机轴承发热;电动机发热;电流过大;风机转子与外壳相碰及地脚螺栓松动等。

(二)主要原因及处理方法

(1)风机风压和风量不足的主要原因有:风道挡板或风罩不畅;送风管道有裂口或法兰泄漏;叶轮机壳或密封圈有磨损及运转转数不够等。

处理方法:可根据以上原因,采取相应措施解决风压和风量不足问题。

(2)风机轴承发热的主要原因有:轴承安装质量欠佳;轴承润滑油不足或润滑油不合格;轴承本身质量不佳等。

处理方法:采取必要的检修措施,如重新安装调整轴承,更换或添加轴承润滑油,更换不合格轴承等方法,即可解决轴承发热问题。

(3)电动机发热或电流过大的主要原因有:电动机与风机联轴器连接不同轴或电源电压偏低,甚至单相断路等。

处理方法:应采取相应措施,使电动机正常运转。

(4)风机转子与外壳相碰的主要原因有:机壳变形;风机窜轴,致使转子与外壳接触;叶轮变形以及叶轮与轴松动等。

处理方法:只要检修、校正,加固机壳,限制窜轴量,紧固叶轮与轴连接,更换无法修复的叶轮,即可解决风机转子与外壳相碰的问题。

(5)风机地脚螺栓松动的主要原因是:风机运行一段时间后,因安装不牢,或地脚螺栓不合乎要求,或风机基础浇灌质量不良等。

处理方法:重新紧固地脚螺栓,更换不合格的地脚螺栓,或重新浇灌基础,即可解决。

三、电动机的运行故障及处理

(一)常见故障

常见故障:电动机不能启动;电动机启动困难,一旦加上负载,电流显著增大,转速迅速降低;运转时,电流总是大于额定值,但无异音和焦煳味,而出现机壳过热;电动机过热等。

(二)主要原因及处理方法

(1)电动机不能启动的可能原因有:电源线路有断线处,或定子绕组中有断线处。

处理方法:可通过切断电源,检查线路(熔断器、开关接头及接线处是重点);或采用万用表检查各相绕组的方法,找出问题予以解决。

(2)电动机启动困难,一旦加上负载,电流显著增大,转速迅速下降的主要原因有:电源电压过低或定子绕组接法有误等。

处理方法:通过检查电源电压,确定定子绕组接线方式为三角形后,一般可解决上述问题。

(3)电动机运转时,电流总是大于额定值,但无异音和焦煳味而出现机壳过热的主要原因有:绕组漏电。

处理方法:通过检查绕组对地线间绝缘情况,重新进行绝缘处理,即可解决。

(4)电动机过热时,用手摸机壳感到很烫,这是电动机运行不正常的综合表现。应根据以下原因进行处理:

①铭牌与使用要求不符合:应校对容量是否够用;电压、转速等是否符合运行条件;接线是否正确。若不符合,应进行更换或改正。

②电动机本身的质量问题:绝缘差,漏电严重;绕组有断路、短路、接地等故障;轴承损坏或电动机装配不良,如电动机内部太脏、通风堵塞、通风叶轮损坏等。针对以上原因进行处理,改善电动机通风,提高散热能力。

第三节　燃油燃烧器常见的故障及处理

一、燃烧器不启动

(1)故障原因:没电;极限或安全控制装置打开;控制盒锁定;电动机锁定;泵坏;控制器熔丝断开;电连接错误;控制盒损坏;电动机损坏;电容损坏;光电管短路;漏电或模拟火焰出现。

(2)处理方法:合上所有开关,检查熔断器;调整或更换新件;按控制盒复位钮;按热继电器复位钮;更换新泵;更换熔丝;检查电连接并修复;更换控制盒;更换电动机;更换电容;更换光电管;清除漏电或更换控制器。

二、燃烧器启动后马上停止

(1)故障原因:缺相。

(2)处理方法:按热继电器复位钮。

三、燃烧器预吹风后马上锁定,火焰不出现

(1)故障原因:油箱内无油,或油箱底部有水;燃烧头位置或风门位置不合适;电磁阀不能打开;油嘴堵塞、脏或损坏;点火电极不对;接地电线绝缘不好;高压电缆损坏;点火变压器损坏;电磁阀或点火变压器接线错误。

(2)处理方法:加油或排水;进行调整;检查接线,更换线圈;清洗或更换油嘴;调整点火电极;更换接地绝缘;更换高压电缆;更换点火变压器;检查接线,改正错误。

四、燃烧器开启,火焰不出现

(1)故障原因:控制盒损坏;泵不启动;泵和电动机之间的联轴器损坏;进、回油管接错;泵、过滤器或喷嘴的过滤网脏;电动机转向错误。

(2)处理方法:更换控制盒;按操作规程启动;更换联轴器;更正错误;清洗;换相。

五、燃烧器在正常压力或温度达到时自动停止运转，但熄火指示灯亮

(1)故障原因：炉内的耐火物等被烧红或还有炭渣在自燃使电眼产生不正常感应所致。

(2)处理方法：清除积炭，若炉发红，应设法加以改善。

六、火焰出现后燃烧器锁定

(1)故障原因：点火电极位置不对；光电管或控制器损坏；光电管脏。

(2)处理方法：调整点火电极；更换损坏的元件；清洗。

七、脉动点火或火焰不稳定

(1)故障原因：燃烧头位置设定不对；点火电极位置不对；风门太大；喷门不适应此燃烧器或锅炉；喷油嘴坏了；泵压不合适。

(2)处理方法：调整设定位置；调整点火电极位置；调整风门；检查、调整喷门；更换喷油嘴；调整泵压。

八、燃烧器不能烧大火

(1)故障原因：控制系统 TR 没闭合；控制器损坏；第二级电磁阀液压阀损坏；液压缸损坏。

(2)处理方法：调整或更换新件；更换控制器；更换电磁阀；更换液压缸。

九、第二个喷油嘴喷油但风门不能达到风门位置

(1)故障原因：泵压低；液压缸损坏。

(2)处理方法：增加泵压力；更换液压缸。

十、供油不稳定

(1)故障原因：泵或油系统有故障。

(2)处理方法：使油箱接近燃烧器。

十一、有噪声，并且油压不稳定

(1)故障原因：进油管内有空气。

(2)处理方法：将接头紧固。

十二、油泵内生锈

(1)故障原因：油箱内有水。

(2)处理方法：将油箱内水排净。

十三、负压值过高

(1)故障原因:油箱/燃烧器高度差太大;管道直径太小;过渡器堵塞;进油阀门关闭;温度过低蜡析出。

(2)处理方法:用环形油路连接燃烧器;增大管道直径;清洗过渡器;打开进油阀门;轻油中加添加剂。

十四、长时间中断后油泵不启动

(1)故障原因:回油管未浸到油里;进油管路中进气。

(2)处理方法:将其回到进油管高度;将接头紧固。

十五、油泵漏油

(1)故障原因:密封部件漏油。

(2)处理方法:更换新件。

十六、一切正常,但燃烧器不启动

(1)故障原因:若加热器不热,则其温度限制开关(红头)元件跳脱;若加热器热,则其释温元件开关可能失灵。

(2)处理方法:将红头元件按下即可;更换新件。

十七、只点小火时就冒黑烟

(1)故障原因:小火风门设定太小;喷油嘴磨损,雾化不良。

(2)处理方法:增大风门;更换喷油嘴。

十八、冒黑烟,风门调整无效

(1)故障原因:喷油嘴磨损,雾化不良。

(2)处理方法:更换喷油嘴。

十九、冒白烟

(1)故障原因:风门太大;渗水(但含水量还不太高)。

(2)处理方法:调小风门;改善油质。

二十、燃烧头脏

(1)故障原因:喷油嘴或过滤器脏;喷嘴油量或角度不合适;喷油嘴松;稳火叶片上有杂物;燃烧头校准错误或空气不足;引风管长度不合适。

(2)处理方法:更换新件;调整喷油嘴;拧紧喷油嘴;清洗稳火叶片;根据说明书调节,打开阀门;参考锅炉部分引风管长度调试。

第四节 燃气燃烧器常见的故障及处理

一、燃烧器不启动

(1)故障原因:没电;极限或安全控制装置打开;控制盒锁定;无燃气供应;主管路供气压力不足;控制器熔丝断开;伺服电动机的接触点没有校准;控制盒损坏;电动机损坏;最小燃气压力开关没有闭合;空气压力开关处于运行位置。

(2)处理方法:检查导线;调整或更换新件;按控制盒复位钮;打开流量表与阀门组之间手动阀闭合开关或检查连线;与燃气公司联系,提高供气压力;更换熔丝;调节凸轮或更换伺服电动机;更换控制盒;更换电动机;调节或更换最小燃气压力开关;调节或更换空气压力开关。

二、燃烧器启动,但发生锁定

(1)故障原因:有模拟火焰。

(2)处理方法:更换控制盒。

三、燃烧器启动,但在最大风门位置时停机

(1)故障原因:凸轮的伺服电动机的触点没有作用操作控制盘端子。

(2)处理方法:调节凸轮或更换伺服电动机。

四、燃烧器启动,但立即停机

(1)故障原因:没有中线。

(2)处理方法:三相供电时布置中线。

五、燃烧器启动后锁定

(1)故障原因:空气压力开关没有调节好;压力开关的测压管堵塞;风扇脏;燃烧器头部未调整好;燃烧器背压过高;火焰检测回路故障。

(2)处理方法:调整或更换空气压力开关;清洗堵塞;清洗风扇;调整燃烧器头部;调整燃烧器背压;更换控制盒。

六、燃烧器锁停留在预吹扫阶段

(1)故障原因:凸轮的伺服电动机触点没有作用控制盒接线端子。

(2)处理方法:调整凸轮或更换伺服电动机。

七、预吹扫和安全时间之后,燃烧器锁定,火焰没有出现

(1)故障原因:电磁阀只能让少量燃气通过;燃气压力太低;点火电极调整不正确;管路中有空气;阀门或点火变压器电气连接不正确;点火变压器损坏;高压器损坏;电磁阀不

能打开。

(2)处理方法:提高调压器出口压力;调整燃气压力;调整点火电极;吹扫管路;重新连接电气电路;更换点火变压器;更换高压圈或纠正面板。

八、火焰出现时燃烧器便锁定

(1)故障原因:离子探针调节不正确;离子探针连线有问题;离子电流不足(小于6 μA);探针接电;最大燃气压力开关作用。

(2)处理方法:调整离子探针;重新连接离子探针连线;检查探针位置;拆下或更换连线;调节或更换最大燃气压力开关。

九、燃烧器重复启动,切面无锁定

(1)故障原因:主管路燃气压力很接近最小燃气压力开关所设定的值。电磁阀打开后,气压的变更降低,导致压力开关自行断开,电磁阀立即关闭,燃烧器停机,压力又开始上升,燃气压力开关又闭合,点火周期重复开始,这样重复不断进行。

(2)处理方法:降低最小燃气压力开关的运行压力或更换燃气过滤器。

十、锁定但没有符号指示

(1)故障原因:模拟火焰不当。

(2)处理方法:更换控制器。

十一、运行过程中燃烧器锁定

(1)故障原因:探针或离子电缆接地,空气压力开关故障,最大燃气压力开关作用。

(2)处理方法:更换破坏部分,更换空气压力开关,调节或更换最大燃气压力开关。

十二、燃烧器停机时锁定

(1)故障原因:燃烧头中仍有火焰或模拟火焰。

(2)处理方法:清除火焰或更换控制盒。

十三、冒白烟

(1)故障原因:风量太大,空气湿度太大。

(2)处理方法:调小风门,适当减小风量;提高进风温度。

十四、烟囱滴水

(1)故障原因:燃气含氢量高,过氧量大,生成水。

(2)处理方法:减小配风,降低烟囱高度,提高炉温。

第十章　锅炉房安全管理

第一节　锅炉房安全管理的基本要求

依据《中华人民共和国特种设备安全法》和《特种设备安全监察条例》的要求，以及《锅炉安全技术监察规程》（TSG G0001—2012）等法规标准的相关要求，锅炉房安全管理主要体现在以下几个方面。

一、锅炉使用登记

锅炉的使用单位，在锅炉投入使用前或者投入使用后 30 d 内，应当按照规定要求到市场监督管理部门逐台办理登记手续。

二、锅炉安全技术档案

锅炉使用单位应当逐台建立安全技术档案，安全技术档案至少包括以下内容：

（1）锅炉的出厂技术文件及监检证明。

（2）锅炉安装、改造、修理技术资料及监检证明。

（3）水处理设备的安装调试技术资料。

（4）锅炉定期检验报告。

（5）锅炉日常使用状况记录。

（6）锅炉及其安全附件、安全保护装置及测量调控装置日常维护保养记录。

（7）锅炉运行故障和事故记录。

三、安全管理人员和操作人员

锅炉安全管理人员、锅炉运行操作人员和锅炉水处理作业人员应当按照《特种设备作业人员监督管理办法》的规定持证上岗，按章作业。

B 级及以下全自动锅炉可以不设跟班锅炉运行操作人员，但是应当建立定期巡回检查制度。

《特种设备作业人员证》每 4 年复审一次。持证人员应当在复审期届满 3 个月前，向发证部门提出复审申请。

特种设备作业人员（含安全管理人员，下同）在资格证书有效期满前提交换证申请，发证机关核验通过后，直接办理换证。资格证书有效期逾期的，作业人员应重新申请取证。作业人员申请换证时所提供申请材料简化为换证申请表、作业人员证书（原件）、现用人单位出具的没有违章作业、未发生责任事故等不良记录证明。除焊接操作人员外，其他作业人员换证一律不需要考试。不再要求换证申请人员提供安全教育和培训证明、持续作业时间证明和体检报告。

注:B 级锅炉是指额定蒸汽压力大于 0.8 MPa 但小于 3.8 MPa 的锅炉。

四、锅炉使用管理制度

锅炉使用管理应当有下列制度、规程:

(1)岗位责任制,包括锅炉安全管理人员、班组长、运行操作人员、维修人员、水处理作业人员等职责范围内的任务和要求。

(2)巡回检查制度,明确定时检查的内容、路线和记录的项目。

(3)交接班制度,明确交接班要求,检查内容和交接班手续。

(4)锅炉及辅助设备的操作规程,包括设备投运前的检查及准备工作、启动和正常运行的操作方法、正常停运和紧急停运的操作方法。

(5)设备维修保养制度,规定锅炉停(备)用防锈蚀内容和要求以及锅炉本体、安全附件、安全保护装置、自动仪表及燃烧和辅助设备的维护保养周期、内容和要求。

(6)水(介)质管理制度,明确水(介)质定时检测的项目和合格标准。

(7)安全管理制度,明确防火、防爆和防止非作业人员随意进入锅炉房的要求,保证通道畅通的措施以及事故应急预案和事故处理办法等。

(8)节能管理制度,符合锅炉节能管理有关安全技术规范的规定。

五、锅炉使用管理记录

锅炉房应当有以下管理记录:

(1)锅炉及燃烧和辅助设备运行记录。

(2)水处理设备运行及汽水品质化验记录。

(3)交接班记录。

(4)锅炉及燃烧和辅助设备维修保养记录。

(5)锅炉及燃烧和辅助设备检验记录。

(6)锅炉运行故障及事故记录。

(7)锅炉停炉保养记录。

六、安全运行要求

(1)锅炉运行操作人员在锅炉运行前应当做好各种检查,应当按照规定的程序启动和运行,不应当任意提高运行参数,压火后应当保证锅水温度、压力不回升和锅炉不缺水。

(2)当锅炉运行中发生受压元件泄漏、炉膛严重结焦、液态排渣锅炉无法排渣、锅炉尾部烟道严重堵灰、炉墙烧红、受热面金属严重超温、汽水质量严重恶化等情况时,应当停止运行。

(3)蒸汽锅炉(电站锅炉除外)运行中遇有下列情况之一时,应当立即停炉:

①锅炉水位低于水位表最低可见边缘时。

②不断加大给水及采取其他措施但是水位仍然继续下降时。

③锅炉满水,水位超过最高可见水位,经过放水仍然不能见到水位时。

④给水泵失效或者给水系统故障,不能向锅炉给水时。

⑤水位表、安全阀或者装设在汽空间的压力表全部失效时。

⑥锅炉元(部)件受损坏,危及锅炉运行操作人员安全时。

⑦燃烧设备损坏、炉墙倒塌或者锅炉构架被烧红等,严重威胁锅炉安全运行时。

⑧其他危及锅炉安全运行的异常情况时。

七、锅炉检修的安全要求

需要进入锅炉内进行检修作业时,应当符合以下要求:

(1)进入锅筒(锅壳)内部工作之前,必须用能指示出隔断位置的强度足够的金属堵板(电站锅炉可阀门)将连接其他运行锅炉的蒸汽、热水、给水、排污等管道可靠地隔开;用油或者气体作燃料的锅炉,必须可靠地隔断油、气的来源。

(2)进入锅筒(锅壳)内部工作之前,必须将锅筒(锅壳)上的人孔和集箱上的手孔打开,使空气对流一段时间,工作时锅炉外面有人监护。

(3)进入烟道及燃烧室工作前,必须进行通风,并且与总烟道或者其他运行锅炉的烟道可靠隔断。

(4)在锅筒(锅壳)和潮湿的炉膛、烟道内工作而使用电灯照明时,照明电压不超过24 V;在比较干燥的烟道内,有妥善的安全措施,可以采用不高于36 V的照明电压;禁止使用明火照明。

八、锅炉水(介)质处理

(一)基本要求

使用单位应当按照《锅炉水(介)质处理监督管理规则》(TSG G5001)的规定,做好水处理工作,保证水汽质量。无可靠的水处理措施,锅炉不应当投入运行。

水处理系统运行应当符合以下要求:

(1)保证水处理设备及加药装置正常运行,能够连续向锅炉提供合格的补给水。

(2)采用必要的检测手段监测水汽质量,能够及时发现和消除安全隐患。

(3)严格控制疏水、生产返回水的水质,不合格时不能够回收进入锅炉。

(二)锅炉的水汽质量标准

工业锅炉的水质应当符合《工业锅炉水质》(GB/T 1576)的规定。

九、锅炉事故

(1)锅炉使用单位应当制定事故应急措施和救援预案,包括组织方案、责任制度、报警系统、事故处理专家系统及紧急状态下抢险救援的实施并且进行演练。

(2)锅炉使用单位发生锅炉事故,应当按照《特种设备事故报告和调查处理规定》(ZBF GH115)及时报告和处理。

第二节　锅炉常用法规

锅炉常用法规主要有:《中华人民共和国特种设备安全法》、《特种设备安全监察条例》、《特种设备作业人员监督管理办法》、《锅炉安全技术监察规程》(TSG G0001)、《特种设备作业人员考核规则》(TSG Z6001)、《特种设备使用管理规则》(TSG 08)、《锅炉水(介)质处理监督管理规则》(TSG G5001)。

一、《中华人民共和国特种设备安全法》

《中华人民共和国特种设备安全法》由中华人民共和国第十二届全国人民代表大会常务委员会第三次会议于2013年6月29日通过,自2014年1月1日起施行。《中华人民共和国特种设备安全法》有以下几个方面特点:

(1)确立了“企业承担安全主体责任、政府履行安全监管职责和社会发挥监督作用”三位一体的特种设备安全工作新模式,进一步突出特种设备生产、经营、使用单位是安全责任主体。《中华人民共和国特种设备安全法》规定:

①特种设备生产、经营、使用单位应当遵守本法和其他有关法律、法规,建立、健全特种设备安全和节能责任制度,加强特种设备安全和节能管理,确保特种设备生产、经营、使用安全,符合节能要求。

②特种设备使用单位应当建立岗位责任、隐患治理、应急救援等安全管理制度,制定操作规程,保证特种设备安全运行。

(2)进一步完善了监管的范围,增加了对经营、销售的环节,使监管形成完整的链条。

(3)明确各方的主体责任,特别是突出了企业的主体责任,要求制造厂家要对制造、安装、改造、维修负责。

(4)确立了特种设备的可追溯制度。

从特种设备的设计、制造、安装一直到报废,每个环节都要做记录、设备上要有标牌、要随着出厂的设备有各类的参数资料、文件,同时要进行保管,也有人称为设备身份的制度,一旦发生问题可以追溯到源头。

(5)确立了特种设备的召回制度。

符合特种设备召回条件的,由企业主动召回,如果企业没有做到主动召回,政府部门有权利强制召回。

(6)确立了特种设备的报废制度。

特种设备都有设计年限、使用年限和报废年限,到期就应该更换、大修甚至报废。特种设备存在严重事故隐患,无改造、修理价值,或者达到安全技术规范规定的其他报废条件的,特种设备使用单位应当依法履行报废义务,采取必要措施消除该特种设备的使用功能,并向原登记的负责特种设备安全监督管理的部门办理使用登记证书注销手续。

(7)在事故的责任赔偿中体现民事优先的原则。

(8)进一步加大了对违法行为的处罚力度。

违法行为处罚最高达到二百万元,同时对发生重大事故的当事人和责任人的个人处罚也做出了明确的规定:处罚个人的上年收入的30%~60%,除了行政罚款,严重的还要吊销许可证,触犯刑律的要移送司法机关,触犯治安条例的由公安机关处置。

《中华人民共和国特种设备安全法》中规定:

(1)特种设备使用单位使用未取得许可生产,未经检验或者检验不合格的特种设备,或者国家明令淘汰、已经报废的特种设备的,应承担的法律责任是:责令停止使用有关特种设备,处三万元以上三十万元以下罚款。

(2)特种设备使用单位未按照规定办理使用登记的,应承担的法律责任是:责令限期改正;逾期未改正的,责令停止使用有关特种设备,处一万元以上十万元以下罚款。

(3)特种设备使用单位使用未取得特种作业人员证书的人员从事特种设备作业,应承担的法律责任是:责令限期改正;逾期未改正的,责令停止使用有关特种设备或者停产停业整顿,处一万元以上五万元以下罚款。

二、《特种设备安全监察条例》

《特种设备安全监察条例》,2003 年 3 月 11 日以中华人民共和国国务院令第 373 号公布,根据 2009 年 1 月 24 日《国务院关于修改〈特种设备安全监察条例〉的决定》修订,以下简称《条例》。

《条例》对锅炉的设计、制造、安装、改造、维修、使用、检验检测及其监督检查环节做出了相应的规定。

《条例》自 2003 年 6 月 1 日起施行,原《锅炉压力容器安全监察暂行条例》同时废止。

三、《特种设备作业人员监督管理办法》

《特种设备作业人员监督管理办法》,2005 年 1 月 10 日以国家质量监督检验检疫总局令第 70 号公布,根据 2011 年 5 月 3 日《国家质量监督检验检疫总局关于修改〈特种设备作业人员监督管理办法〉的决定》修订,即国家质量监督检验检疫总局令第 140 号,简称 140 号令。

140 号令规定,从事特种设备作业的人员应当按照本办法的规定,经考核合格取得《特种设备作业人员证》,方可从事相应的作业或者管理工作。

特种设备生产、使用单位(以下统称用人单位)应当聘(雇)用取得《特种设备作业人员证》的人员从事相关管理和作业工作,并对作业人员进行严格管理。

特种设备作业人员应当持证上岗,按章操作,发现隐患及时处置或者报告。

《特种设备作业人员证》每 4 年复审一次。持证人员应当在复审期届满 3 个月前,向发证部门提出复审申请。对持证人员在 4 年内符合有关安全技术规范规定的不间断作业要求和安全、节能教育培训要求,且无违章操作或者管理等不良记录、未造成事故的,发证部门应当按照有关安全技术规范的规定准予复审合格,并在证书正本上加盖发证部门复审合格章。

复审不合格、逾期未复审的,其《特种设备作业人员证》予以注销。

跨地区从业的特种设备作业人员,可以向从业所在地的发证部门申请复审。

《特种设备作业人员证》遗失或者损毁的,持证人应当及时报告发证部门,并在当地媒体予以公告。查证属实的,由发证部门补办证书。

四、《锅炉安全技术监察规程》(TSG G0001—2012)

《锅炉安全技术监察规程》的制定,是将原劳动部颁布的《蒸汽锅炉安全技术监察规程》(1996 年颁布)、《热水锅炉安全技术监察规程》(1991 年颁布,1997 年修订)、《有机热载体炉安全技术监察规程》(1993 年颁布),以及原国家质量技术监督局 2000 年颁布的《小型和常压热水锅炉安全监察规定》等进行整合,形成了《锅炉安全技术监察规程》(TSG G0001—2012)(以下简称《锅规》)。

《锅规》从锅炉危害性及失效模式出发,突出本质安全思想,对锅炉进行分级。锅炉最危险的失效模式是爆炸,锅炉爆炸有承压部件爆炸和炉膛爆炸。锅炉爆炸释放的能量与锅炉介质参数和容量紧密相关,锅炉介质参数和容量越大,爆炸造成的损失和危害越大。

五、《特种设备作业人员考核规则》(TSG Z6001—2019)

《特种设备作业人员考核规则》(TSG Z6001—2019)规范了特种设备作业人员(含安全管理人员)考核工作,考核工作包括申请、受理、考试和发证。

作业人员考试程序,包括考试报名、申请资料审查、考试、考试成绩评定与通知;审批发证程序,包括领证申请、受理、审核和发证。

申请人应当符合下列条件:

(1)年龄 18 周岁以上且不超过 60 周岁,并且具有完全民事行为能力。

(2)无妨碍从事作业的疾病和生理缺陷,并且满足申请从事的作业项目对身体的要求。

(3)具有初中以上学历,并且满足相应申请作业项目要求的文化程度。

(4)符合相应的考试大纲的专项要求。

申请人应当向工作所在地或者户籍(户口或者居住证)所在地的发证机关,提交以下申请资料:

(1)《特种设备作业人员资格申请表》(1 份)。

(2)近期 2 寸正面免冠白底彩色照片(2 张)。

(3)身份证明(复印件 1 份)。

(4)学历证明(复印件 1 份)。

(5)体检报告(1 份,相应考核大纲有要求的)。

申请人也可通过发证机关指定的网上报名系统填报申请,并且附前款要求提交的资料的扫描文件(PDF 或者 JPG 格式)。

特种设备作业人员的考试包括理论知识考试和实际操作技能考试,特种设备管理人员只进行理论知识考试。考试实行百分制,单科成绩达到 70 分为合格;每科均合格,评定为考试合格。

考试成绩有效期 1 年。单项考试科目不合格者,1 年内可以向原考试机构申请补考 1 次。两项均不合格或者补考不合格者,应当向发证机关重新提出考核申请。

持证人员应当在持证项目有效期届满 1 个月以前,向工作所在地或者户籍(户口或者居住证)所在地的发证机关提出复审申请,并提交下列资料:

(1)《特种设备作业人员资格复审申请表》(1 份)。

(2)《特种设备安全管理和作业人员证》(原件)。

满足下列要求的,复审合格:

(1)年龄不超过65周岁。

(2)持证期间,无违章作业、未发生责任事故。

(3)持证期间,《特种设备安全管理和作业人员证》的聘用记录中所从事持证项目的作业时间连续中断未超过1年。

复审不合格,证书有效期逾期未申请复审的持证人员,需要继续从事该项目作业活动的,应当重新申请取证。

本规则自2019年6月1日起施行。

六、《特种设备使用管理规则》(TSG 08)

《特种设备使用管理规则》规范了特种设备使用管理。

特种设备在投入使用前或者投入使用后30 d内,使用单位应当向特种设备所在地的直辖市或者设区的市的特种设备安全监管部门申请办理使用登记,办理使用登记的直辖市或者设区的市的特种设备安全监管部门,可以委托其下一级特种设备安全监管部门(以下简称登记机关)办理使用登记;对于整机出厂的特种设备,一般应当在使用前办理使用登记。

每台锅炉压力容器在投入使用前或者投入使用后30 d内,使用单位应当向所在地的登记机关申请办理使用登记,领取使用登记证。

锅炉房内的分汽(水)缸随锅炉一同办理使用登记;锅炉与热设备之间的连接管道总长小于或等于1 000 m时,压力管道随锅炉一同办理使用登记;包含压力容器的撬装式承压设备系统或者机械设备系统中的压力管道可以随其压力容器一同办理使用登记。登记时另提交分汽(水)缸、压力管道元件的产品合格证(含产品数据表),但是不需要单独领取使用登记证。

《特种设备使用管理规则》自2017年8月1日起施行。

七、《锅炉水(介)质处理监督管理规则》(TSG G5001)

《锅炉水(介)质处理监督管理规则》(TSG G5001)要求,工业锅炉水质应当符合《工业锅炉水质》(GB/T 1576)的要求,有机热载体的质量应当符合《有机热载体》(GB 23971)和《有机热载体安全技术条件》(GB 24747)的要求。

锅炉使用单位应当对水汽质量定期进行常规化验分析。常规化验的频次要求如下:

(1)额定蒸发量大于或等于4 t/h的蒸汽锅炉,额定热功率大于或等于4.2 MW的热水锅炉,每4 h至少进行1次分析。

(2)额定蒸发量大于或等于1 t/h但是小于4 t/h的蒸汽锅炉,额定热功率大于或等于0.7 MW但是小于4.2 MW的热水锅炉,每8 h至少进行1次分析。

(3)其他锅炉由使用单位根据使用情况确定。

每次化验的时间、项目、结果以及必要时采取的措施应当记录并且存档。当水汽质量出现异常时,应当增加化验频次。

工业锅炉常规化验项目一般为硬度、碱度、pH,有除氧要求时还应当检测给水溶解氧含量,采用磷酸盐作防垢剂时还应当检测锅水磷酸根含量。对于蒸汽锅炉还应当检测给水和锅水氯离子含量并且计算排污率。

参考文献

[1]赵钦新,等.中小型燃油燃气锅炉运行操作与维护[M].北京:机械工业出版社,2004.
[2]沈贞珉.燃气供热锅炉技术培训教材[M].北京:航空工业出版社,2004.
[3]冯维君.燃油燃气锅炉司炉读本[M].北京:中国劳动社会保障出版社,2002.
[4]徐通模, 惠世恩.燃烧学[M].北京:机械工业出版社,2017.
[5]赵钦新, 惠世恩.燃油燃气锅炉[M].西安:交通大学出版社,2000.
[6]姜湘山.燃油燃气锅炉及锅炉房设计[M].北京:机械工业出版社,2003.